代数でサクッと解く！
中学受験算数

吉田大悟

前書き

　中学受験算数の問題は難しい．大人から見ても複雑な問題を小学生が解くのはなかなかハードルが高いと思われる．だからこそ，算数教育の意義はある．思考の順序を頭で整理していくことで，忍耐強くなる．精神的にも立派なことだと思う．しかし，中学受験算数を制する方法は他にもあってよい．中学に入ると算数から数学と教科名を変え，文字式や方程式を習う．すると，算数の問題は機械的な操作で答えが出てしまう．受験算数の問題には"特殊算"と総称される固有の名称がついた問題が多い．たとえば「和差算」，「鶴亀算」，「ニュートン算」，「差集め算」，「仕事算」，「年令算」，…といったものがある．これらは問題タイプごとに注目する部分が決まっており，そのポイントから絡まった紐を解いていくのが受験算数の解き方で，解く順序を間違うと解けない．だが，中学で習う文字式や方程式を活用し，順番に立式していくと，自然に方程式が立ち，機械的に答えが求まる．そもそも数学は理論であり，その場しのぎの工夫をしないためにあるのだから，頭を使わなくても問題が解けるのである．

　算数の問題を数学で解いたらダメなんじゃないかと思うかもしれない．もちろん，そのような採点基準を設けられると算数的な解答のみが正解で，数学的な解答は不正解となるだろう．しかし，YouTube を見て勉強し，小学生のときに数学検定 1 級に合格する人もいる時代である．そのような採点基準を設けることは考えにくい．決まった解き方を要求する場合はきちんと問題文で明言してもらわないとどう解けばよいのかわからない．基本的には，問題の解き方というものは自由である．もちろん，本書は算数的な解法を否定するものではない．

　しかし，中学受験算数の解説本を見ていると，どうも"素直さ"がないように感じてしまう．素直に考えられず，斜めからしか問題を見ることができなくなってしまうようにも思われる．いきなり解こうとする乱暴な態度が悪い癖としてついてしまうようだ．折角努力して，悪い癖がつくのではもったいない．そのような悪い癖をつけないような算数的解法が広まるのであればよいのだが……

　筆者は"いきなり解こうとする"態度を抑制するより，素直な立式を可能にする言語を教えるべきだと強く思う．その言語とは文字式である．本書の目標は，文字式を用いて"素直に"立式することで受験算数の問題を文字式・方程式を利用して解けるようになることである．中学に入ってからの先取り学習と思えば，一石二鳥である．何しろ，"変な癖"がつかず，素直な立式の習慣が身につく．「ややこしい算数が苦手で，中学に入ってからも数学は嫌い」と思うくらいなら，さっさと文字式・方程式をマスターして，ウンウンと唸っている友達を横目にサクッと数学で解いてしまおう．そして優越感にひたろうではないか．この優越感が数学への得意意識になり，人生における数学との付き合い方を劇的に変えるはずである．

目次

第 1 章

代数とは

1.1　算数の問題

中学受験算数の代表例である "鶴亀算" を例にとりあげよう.

"鶴亀算" とは次のような問題である.

> 月夜の晩に池の周りに鶴と亀が集まってきた. 頭の数を数えると
> 16, 足の数を数えると 44 あった. 鶴と亀はそれぞれ何羽と何匹か？

鶴には足が 2 本, 亀には足が 4 本あるので, たとえば, 鶴が 7 羽, 亀が 5 匹であれば, 頭の数は $7+5=12$, 足の数は $\underbrace{7\times2}_{\text{鶴の足}}+\underbrace{5\times4}_{\text{亀の足}}=34$ と計算できる.

$$\begin{cases}\text{鶴の数}=7\\\text{亀の数}=5\end{cases} \longrightarrow \begin{cases}\text{頭の数}=7+5=12\\\text{足の数}=7\times2+5\times4=34\end{cases}$$

また, 鶴が 5 羽, 亀が 11 匹であれば, 頭の数は $5+11=16$, 足の数は $5\times2+11\times4=54$ と計算できる.

$$\begin{cases}\text{鶴の数}=5\\\text{亀の数}=11\end{cases} \longrightarrow \begin{cases}\text{頭の数}=5+11=16\\\text{足の数}=5\times2+11\times4=54\end{cases}$$

このように, 頭の数や足の数は鶴と亀のそれぞれの数から求めることができる数であり, この左から右への矢印が**自然な向き**である. ところが, 鶴亀算はこの逆向きの矢印をたどる問題なのである. 鶴亀算の難しさは "**自然な向きの逆をたどる**" ところにある.

$$\begin{cases}\text{鶴の数}=?\\\text{亀の数}=??\end{cases} \longleftarrow \begin{cases}\text{頭の数}=16\\\text{足の数}=44\end{cases}$$

では，算数の方法で解いてみよう．鶴と亀に「足を 2 本ずつ上げろ」と命令する．鶴には足が 2 本あるので，鶴は足をすべて上げることになり，亀には足が 4 本あるので，前足 2 本を上げることにすれば，地面に足がついているのは亀の後ろ足である．

地面についている足の数は

$$44 - 16 \times 2 = 44 - 32 = 12$$

本であり，これが亀の数の 2 倍である．したがって，亀は $12 \div 2 = 6$ 匹とわかる．すると，鶴は $16 - 6 = 10$ 羽とわかる．

(ちなみに，算数でのこの解法は "宿題" という桂文枝氏の落語で紹介されている．)

$$\begin{cases} 鶴の数 = 10 \\ 亀の数 = 6 \end{cases} \longrightarrow \begin{cases} 頭の数 = 10+6 = 16 \\ 足の数 = 10 \times 2 + 6 \times 4 = 44 \end{cases}$$

鶴亀算では「足を 2 本ずつ上げろ」とすることで器用に求めることができたが，算数では，問題ごとにこのような器用な発想が要求される．「〜〜算」と呼ばれるものには，問題ごとに特有の "器用な発想" があり，それを自分で気づくか，試験時間以内に気づけないのであれば事前に習得しておくことが求められる．

1.2　代数の効用

では，先ほどの鶴亀算を**数学**で解いてみる．次のようにする．鶴の数を x，亀の数を y とする．すると，頭の数は $x+y$，足の数は $x \times 2 + y \times 4$ と表せる．

$$\begin{cases} 鶴の数 = x \\ 亀の数 = y \end{cases} \longrightarrow \begin{cases} 頭の数 = x+y \\ 足の数 = x \times 2 + y \times 4 \end{cases}$$

いま求めたいのは，頭の数である $x+y$ が 16 で，足の数である $x \times 2 + y \times 4$ が 44 となるような x と y である．

$$\begin{cases} x+y = 16, \\ x \times 2 + y \times 4 = 44. \end{cases} \qquad \cdots (*)$$

このような文字 x や y のことを**未知数**という．「未知」つまり「まだわかっていない」数という意味であり，いまは未知数が x と y の 2 つある．これらの未知数 x, y の条件式 $(*)$ を**方程式**という．未知数の正体をつきとめることを**方程式を解く**という．

このように，未知数を x や y などの文字で表し，それら未知数の満たす関係式 (方程式) から未知数の正体を求める手法のことを**代数**という．"代数" とは "**数の代わり**" という意味で，x や y などの未知数を具体的な数とみなすことで，**自然な向き** (左から右への矢印の向き) で考えることができるようになる．

では，代数の手法で，$(*)$ を解いてみる.

後の章でじっくり解説するが，$(*)$ は x と y の**連立方程式**といい，

$$\begin{cases} x+y=16, & \cdots ① \\ x\times 2+y\times 4=44 & \cdots ② \end{cases}$$

という 2 つの式①，②から構成される.

①の 2 倍を考えることで，

$$(x+y)\times 2 = 16\times 2$$

つまり

$$x\times 2+y\times 2 = 32 \qquad \cdots ③$$

であることがわかる.　すると，②と③との違いに着目すると，

$$y\times (4-2) = 44-32 \qquad \cdots (!)$$

つまり

$$y\times 2 = 12$$

とわかる.　これより，

$$y = 12\div 2 = 6$$

とわかり，①から，

$$x = 16-y = 16-6 = 10$$

とわかる.　以上により，

鶴は 10 羽，亀は 6 匹

である.　後の章で解説する代数の知識を用いると，このように文章題の意味から離れて考えることができる.　たとえば，③は算数での，鶴と亀に「足を 2 本ずつ上げろ」と命令したときに上がる足の合計数に対応しており，②と③の違いに注目した (!) 式は，　地面に足をつけた亀の後足の合計に対応している.　代数での計算ではそのような文章題での意味を忘れて計算することができ，それゆえ，汎用性も高く，様々な問題に用いることができる.

　本書は，中学受験算数の文章題を代数によって解く技術を身につけることを目標としている.この代数技術によって，問題が**自然な向き**で考えられるようになり，問題ごとの特有な解法を覚えることは不要となり，様々な問題に適用できるようになる.

　次章の第 2 章では，文字式や方程式など基礎的な代数技術について解説する.　そして第 2 章で身につけた代数手法によって，第 3 章では中学受験算数の特殊算を解いてみる.

第 2 章

代数の基礎

2.1　負の数

2.1.1　数直線と負の数

　代数手法を自在に使いこなすには，負の数についての知識があった方がよい．負の数は日常生活でも冬の北海道の気温などで身近に触れる機会があるので，すでに知っているかもしれない．温度計を横に倒して置いたような，**数直線**と呼ばれる概念がある．

　数直線は直線上の点に数を対応させたものである．まさに，温度計のイメージである．
　基準となる 0 (ゼロ) を表す点のことを**原点**という．
　数が大きくなっていく向きに矢印をつける．この方向は次の図のように右にとるのが慣習である．

　0 より大きい数を**正の数**，0 より小さい数を**負の数**という．数直線上の数が正の数，0，負の数の 3 つに分類されることになる．負の数は「−」(マイナス記号，負号) をつけて表す．これも気温などで使われている通りである．これに対して，正の数は「+」(プラス記号) をつけて表すこともあるが，省略されることも多い．「+」や「−」といった正の数か負の数かを表す記号を**符号**という．

　<u>注意</u>　「負号」と「符号」はともに「ふごう」と読むため，音声では紛らわしい．そのため，「負号」を「負の符号」と表現することもしばしばある．

例1

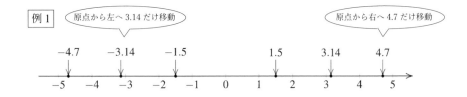

練習1 数 $\frac{1}{2}$, -1.2, -0.5, $-\frac{5}{2}$, 1.2, -3.8, 3.8 を表す点を下の数直線上に示せ.

数直線では,右の数ほど大きい. a が b より大きいとき,「不等号」と呼ばれる記号を用いて $b < a$ または $a > b$ と表す. 開いている側の数の方がしぼんでいる側の数より大きいことを意味している.

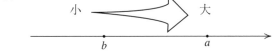

例2 数の大小関係として,

$$-3.6 < -2.8 < -1.7 < -0.8 < 0.8 < 3.6$$

が成り立つ.

練習2 6つの数

$$\frac{8}{3}, \qquad -2.2, \qquad \frac{8}{5}, \qquad -\frac{7}{2}, \qquad 2.1, \qquad -0.7$$

を表す点を数直線上に示し,6つの数の大小関係を不等号を用いて表せ.

休憩 $1 = 0.999999\cdots$?

小数や分数という言葉がある. 厳密には小数は「小数表記」, 分数は「分数表記」の略である. "表記" ということはつまり, 数を書き表す方法, 手段である. たとえば, $\dfrac{3}{10}$ は $3 \div 10$ のことであり, 0.3 と表すこともできる.

$$\frac{3}{10} = 0.3$$

である. $\dfrac{1}{3}$ は $1 \div 3$ のことであり, 今度は割り算をしていっても終わることはなく, $0.333333\cdots$ といつまでも 3 が続いていく.

$0.333333\cdots$ のように, 割り算しても割り切れずに無限に数が続く小数を無限小数という (これに対して, 0.3 のような小数を有限小数という).

さて,

$$\frac{1}{3} = 0.333333\cdots \qquad\qquad \cdots(*)$$

であるが, この式を 3 倍すると,

$$1 = 0.999999\cdots \qquad\qquad \cdots(?)$$

という式がでてくる. この式 (?) は "奇妙な" 式に思えるかもしれない.

$\dfrac{100}{300}$ も $\dfrac{23}{69}$ も $\dfrac{5}{15}$ もすべて約分すると $\dfrac{1}{3}$ となるから, これらはすべて $0.3333\cdots$ の分数表記である. 分数表記はいろいろな表示の仕方があり, ただ一通りというわけではない (約分して最も簡単な表示で書き表すことにすればただ一通りに決まる). 小数表記もただ一通りというわけではなく, 有限小数での表示もあれば無限小数での表示もある. 1 という数は 1.0 という有限小数で表示することもできるが (?) は無限小数での表示である. (?) に 2 を加えることで,

$$3 = 2.999999\cdots$$

が得られる. これは $3.0000 = 3 = 2.999999\cdots$ というように, 3 という数を表現する方法がいろいろあることを示している. 表示がただ一通りだという思い込みを捨てると (?) に対する心理的な抵抗は払拭されるであろう.

2.1.2 正の数と負の数の足し算・引き算

では，正の数や負の数の計算を学習しよう．基本は次の 4 パターン（$\boxed{1}$〜$\boxed{4}$）である．

$\boxed{1}$ 正の数を足す．（$\longrightarrow$ 本当に増える）

たとえば，$(-2)+(+3)$ は -2 に $+3$ を足す計算であるが，数直線上で -2 の位置から 3 だけ右に移動し，

$$(-2)+(+3)=+1 \quad （あるいは「＋」を省略して 1）$$

とする．

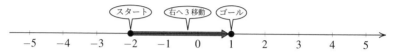

<u>注意</u> 「$(-2)+(+3)$」は「マイナス 2 たすプラス 3」と読むとよい．「＋」は足し算の意味と「正の数」の意味の両方の意味があり，どの意味で使われているのかを意識して式をみるようにすることを心がけよう．「＋」を足し算の意味で使うときは「たす」，正の数を意味する符号の意味で使うときは「プラス」と読み分けることで識別がはっきりする．

$\boxed{2}$ 負の数を足す．（$\longrightarrow$ 逆に減る）

たとえば，$2+(-3)$ は $+2$ に -3 を足す計算であるが，数直線上で $+2$ の位置から 3 だけ左に移動し，

$$2+(-3)=-1$$

とする．

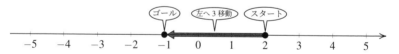

$\boxed{3}$ 正の数を引く．（$\longrightarrow$ 本当に減る）

たとえば，$2-(+5)$ は 2 から 5 を引く計算であるが，数直線上で $+2$ の位置から 5 だけ左に移動し，

$$2-(+5)=-3$$

とする．

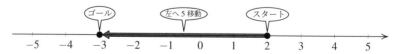

4 負の数を引く. (⟶ 逆に増える)

たとえば, $(-1)-(-3)$ は -1 から -3 を引く計算であるが, 数直線上で -1 の位置から 3 だけ右に移動し,

$$(-1)-(-3)=+2 \quad (あるいは「+」を省略して 2)$$

とする.

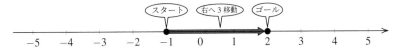

<u>注意</u> 「$(-1)-(-3)$」は「マイナス 1 引く マイナス 3」と読むとよい.「$-$」は引き算の意味と「負の数」の意味の両方の意味があり, どの意味で使われているのかを意識して式をみるようにすることを心がけよう.「$-$」を引き算の意味で使うときは「引く」, 負の数を意味する符号の意味で使うときは「マイナス」と読み分けることで識別がはっきりする.

まとめると,

$$★+(+♡) \text{ なら,} ★+♡$$

$$★+(-♡) \text{ なら,} ★-♡$$

$$★-(+♡) \text{ なら,} ★-♡$$

$$★-(-♡) \text{ なら,} ★+♡$$

とすればよい.

例 3

(1) $\left(-\dfrac{1}{2}\right)+\dfrac{9}{2}$ を計算しよう. 数直線上で $-\dfrac{1}{2}$ の位置から $\dfrac{9}{2}$ だけ右に移動すると, これは原点 (0) から右に $\dfrac{9}{2}-\dfrac{1}{2}=\dfrac{8}{2}=4$ だけ移動した点にくるので,

$$\left(-\dfrac{1}{2}\right)+\dfrac{9}{2}=+4 \quad (あるいは「+」を省略して 4)$$

とする.

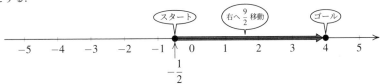

(2) $\dfrac{1}{2} + \left(-\dfrac{9}{2} \right)$ を計算しよう．数直線上で $\dfrac{1}{2}$ の位置から $\dfrac{9}{2}$ だけ左に移動すると，これは原点 (0) から左に $\dfrac{9}{2} - \dfrac{1}{2} = \dfrac{8}{2} = 4$ だけ移動した点にくるので，

$$\dfrac{1}{2} + \left(-\dfrac{9}{2} \right) = -4$$

とする．

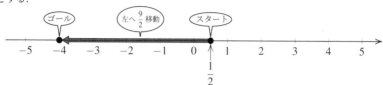

(3) $\left(-\dfrac{1}{2} \right) - \dfrac{9}{2}$ を計算しよう．数直線上で $-\dfrac{1}{2}$ の位置から $\dfrac{9}{2}$ だけ左に移動すると，これは原点 (0) から左に $\dfrac{1}{2} + \dfrac{9}{2} = \dfrac{10}{2} = 5$ だけ移動した点にくるので，

$$\left(-\dfrac{1}{2} \right) - \dfrac{9}{2} = -5$$

とする．

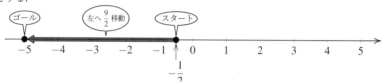

(4) $\left(-\dfrac{1}{2} \right) - \left(-\dfrac{9}{2} \right)$ を計算しよう．数直線上で $-\dfrac{1}{2}$ の位置から $\dfrac{9}{2}$ だけ右に移動すると，これは原点 (0) から右に $\dfrac{9}{2} - \dfrac{1}{2} = \dfrac{8}{2} = 4$ だけ移動した点にくるので，

$$\left(-\dfrac{1}{2} \right) - \left(-\dfrac{9}{2} \right) = +4 \ (\text{あるいは「} + \text{」を省略して } 4)$$

とする．

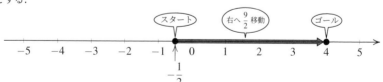

　この計算には少し慣れが必要であろうから，多めに練習問題を用意しておく．慣れるまでは，数直線上の点に矢印を描き込んで，計算結果の数が数直線上のどこに対応するのかを考えるとよい．

$\boxed{練習 3}$　次の計算をせよ．

(1) $4 + (-7)$

(2) $4 - 7$

(3) $2 - (-3)$

(4) $-1 + (-3)$

(5) $-4 - 7$

(6) $-4 - (-7)$

(7) $\dfrac{1}{3} + \left(-\dfrac{5}{3}\right)$

(8) $\dfrac{1}{3} - \dfrac{5}{3}$

(9) $\dfrac{1}{3} - \left(-\dfrac{5}{3}\right)$

(10) $-\dfrac{1}{3} + \left(-\dfrac{5}{3}\right)$

(11) $-\dfrac{1}{3} - \dfrac{5}{3}$

(12) $-\dfrac{1}{3} - \left(-\dfrac{5}{3}\right)$

(13) $-\dfrac{5}{3} + \left(-\dfrac{3}{2}\right)$

(14) $-\dfrac{5}{3} - \left(-\dfrac{3}{2}\right)$

(15) $-\dfrac{5}{3} - \dfrac{3}{2}$

(16) $\dfrac{3}{2} - \dfrac{5}{3}$

2.1.3 正の数と負の数の掛け算・割り算

次に，正の数や負の数の掛け算をしよう．これは簡単で，符号(プラスやマイナスのこと)の判定と符号以外の部分の計算を分けて行えばよい．

まず，符号の判定では，同じ符号の数同士の掛け算では「プラス」，異なる符号の数同士の掛け算では「マイナス」となる．

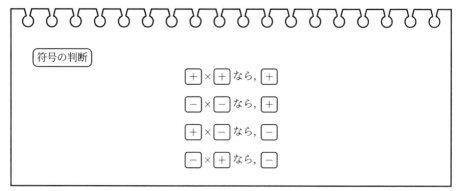

たとえば，$(-3) \times (+4)$ であれば，符号は「$\boxed{-} \times \boxed{+}$」なので $\boxed{-}$ と判断し，符号以外の部分の計算は $3 \times 4 = 12$ として，

$$(-3) \times (+4) = -12$$

となる．

例 4

(1) $\left(-\dfrac{2}{5}\right) \times \dfrac{10}{3}$ であれば，符号は「$\boxed{-} \times \boxed{+}$」なので $\boxed{-}$ と判断し，符号以外の部分の計算は $\dfrac{2}{5} \times \dfrac{10}{3} = \dfrac{4}{3}$ として，

$$\left(-\frac{2}{5}\right) \times \frac{10}{3} = -\frac{4}{3}$$

である．

(2) $(-0.4) \times (-0.3)$ であれば，符号は「$\boxed{-} \times \boxed{-}$」なので $\boxed{+}$ と判断し，符号以外の部分の計算は $0.4 \times 0.3 = 0.12$ として，

$$(-0.4) \times (-0.3) = +0.12$$

である．「+」は省略して $(-0.4) \times (-0.3) = 0.12$ と表すことが多い．

練習 4 次の計算をせよ.

(1) $\dfrac{2}{5} \times \left(-\dfrac{10}{20}\right)$

(2) $\left(-\dfrac{1}{3}\right) \times \left(-\dfrac{1}{2}\right)$

(3) $(-0.25) \times \dfrac{4}{3}$

　最後に，正の数や負の数の割り算をしよう．たとえば，$6 \div 2$ であれば，$6 \times \dfrac{1}{2}$ として計算できた．2 で割る計算であれば「2 の逆数」である $\dfrac{1}{2}$ を掛ける計算になる．

割り算は逆数を掛ける計算

である．

　ある数にかけると 1 となる数のことを，その数の **逆数** という．

$$(-2) \times \bigstar = 1 \ \text{となる} \ \bigstar \ \text{は} -\frac{1}{2}$$

であるから，-2 の逆数は $-\dfrac{1}{2}$ である．したがって，

$$\heartsuit \div (-2) = \heartsuit \times \left(-\frac{1}{2}\right)$$

と計算できる．

$$(-6) \div (-2) = (-6) \times \left(-\frac{1}{2}\right) = 3,$$

$$(+8) \div (-2) = (+8) \times \left(-\frac{1}{2}\right) = -4$$

である．結局，符号の判断と符号以外の数値部分の計算で分けて計算することができる．

$\boxed{\text{符号の判断}}$

$$\boxed{+} \div \boxed{+} \ \text{なら,} \ \boxed{+}$$

$$\boxed{-} \div \boxed{-} \ \text{なら,} \ \boxed{+}$$

$$\boxed{+} \div \boxed{-} \ \text{なら,} \ \boxed{-}$$

$$\boxed{-} \div \boxed{+} \ \text{なら,} \ \boxed{-}$$

$\boxed{例 5}$

(1) $\left(-\dfrac{2}{5}\right) \div \left(-\dfrac{10}{3}\right)$ であれば，$-\dfrac{10}{3}$ の逆数が $-\dfrac{3}{10}$ であるので，

$$\div \left(-\frac{10}{3}\right) \ \text{の部分を} \ \times \left(-\frac{3}{10}\right) \ \text{に置き換えて}$$

$$\left(-\frac{2}{5}\right) \div \left(-\frac{10}{3}\right) = \left(-\frac{2}{5}\right) \times \left(-\frac{3}{10}\right) = \frac{3}{25}$$

　である．

(2) $0.4 \div (-0.3)$ であれば，符号は「$\boxed{+} \div \boxed{-}$」なので $\boxed{-}$ と判断し，符号以外の部分の計算は $0.4 \div 0.3 = 4 \div 3 = \dfrac{4}{3}$ として，

$$0.4 \div (-0.3) = -\frac{4}{3}$$

である．

$\boxed{\text{練習 5}}$　次の計算をせよ．

(1) $\dfrac{2}{15} \div \left(-\dfrac{9}{20}\right)$

(2) $\left(-\dfrac{1}{3}\right) \div \left(-\dfrac{1}{2}\right)$

(3) $(-0.25) \div 0.125$

2.1.4　正の数と負の数の四則演算

小学校では負の数が計算で出てくることはなかった．正の数で成り立っていた次のような計算法則は 0 や負の数が混在しても成立する．

計算法則

交換法則　$a+b=b+a$　　　$a \times b = b \times a$

結合法則　$a+(b+c)=(a+b)+c$　　　$a \times (b \times c) = (a \times b) \times c$

分配法則　$a \times (b+c) = a \times b + a \times c$　　　$(a+b) \times c = a \times c + b \times c$

分配法則については，a, b, c が正の数の場合，次の長方形の面積をイメージするとよい．

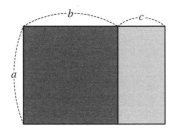 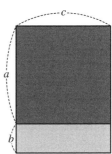

分配法則は，「$a \times (b-c) = a \times b - a \times c$　　　$(a-b) \times c = a \times c - b \times c$」で使うことも多い．また，計算をどこから優先して行うか (計算順序) には決まりがある (小学校と同様)．

計算順序

☐1　カッコを内を優先　内側から順に　$(\ ) \longrightarrow \{\ \}$

☐2　掛け算，割り算の計算

☐3　足し算，引き算の計算

例 6

(1) $3+5-3 = 3+5+(-3) = 3+(-3)+5 = 0+5 = 5.$

(2) $3 \times 5 \div (-3) = 3 \times 5 \times \left(-\dfrac{1}{3}\right) = 5 \times \left\{3 \times \left(-\dfrac{1}{3}\right)\right\} = 5 \times (-1) = -5.$

(3) $6 \times \left(\dfrac{1}{2} + \dfrac{1}{3}\right) = 6 \times \dfrac{1}{2} + 6 \times \dfrac{1}{3} = 3+2 = 5.$

(4) $6 \times \left(\dfrac{1}{2} - \dfrac{1}{3}\right) = 6 \times \dfrac{1}{2} - 6 \times \dfrac{1}{3} = 3-2 = 1.$

(5)

$$\frac{4}{3} + \left\{-1.2 - \frac{4}{3} \div (-3)\right\} \times \left(-\frac{5}{2}\right)$$

$$= \frac{4}{3} + \left(-\frac{6}{5} + \frac{4}{9}\right) \times \left(-\frac{5}{2}\right)$$

$$= \frac{4}{3} + \left(-\frac{34}{45}\right) \times \left(-\frac{5}{2}\right)$$

$$= \frac{4}{3} + \frac{17}{9}$$

$$= \frac{12 + 17}{9} = \frac{29}{9}.$$

(6)

$$\frac{3}{4} + \frac{2}{3} \times \left(-\frac{6}{5}\right) - (-1) \times \frac{2}{3}$$

$$= \frac{3}{4} - \frac{4}{5} + \frac{2}{3}$$

$$= \frac{45 - 48 + 40}{60} = \frac{37}{60}.$$

練習 6　次の計算をせよ.

(1) $\left(-\frac{1}{2} + \frac{1}{3}\right) \times 0.6 - \left(-\frac{1}{4}\right) \times \left(-\frac{2}{3}\right) + \frac{2}{3}$

(2) $\left(-\frac{1}{2} + \frac{1}{3}\right) \times \left\{0.6 - \left(-\frac{1}{4}\right) \times \left(-\frac{2}{3}\right) + \frac{2}{3}\right\}$

(3) $\left\{\left(-\frac{1}{2} + \frac{1}{3}\right) \times 0.6 - \left(-\frac{1}{4}\right)\right\} \times \left(-\frac{2}{3}\right) + \frac{2}{3}$

(4) $-\frac{1}{2} + \frac{1}{3} \times 0.6 - \left(-\frac{1}{4}\right) \times \left\{\left(-\frac{2}{3}\right) + \frac{2}{5}\right\}$

(5) $\left(-0.5 + \frac{2}{3}\right) \times \left\{\left(-\frac{6}{5} + 2\right) \times \left(-\frac{4}{3}\right) - \left(-\frac{2}{3}\right)\right\}$

(6) $-0.5 + \frac{2}{3} \times \left\{-\frac{6}{5} + 2 \times \left(-\frac{4}{3}\right) - \left(-\frac{2}{3}\right)\right\}$

(7) $-0.5 + \frac{2}{3} \times \left(-\frac{6}{5}\right) + 2 \times \left(-\frac{4}{3}\right) - \left(-\frac{2}{3}\right)$

(8) $\frac{2}{5} - \left(-\frac{1}{2} + 3\right) \times \left\{(-2) - (-2) \times \left(-\frac{1}{2}\right)\right\}$

(9) $\left\{\frac{2}{5} - \left(-\frac{1}{2} + 3\right)\right\} \times (-2) - (-2) \times \left(-\frac{1}{2}\right)$

(10) $\frac{2}{5} - \left\{-\frac{1}{2} + 3 \times (-2) - (-2)\right\} \times \left(-\frac{1}{2}\right)$

2.2　文字式の扱い

2.2.1　文字式の表現規則

　x や y や z あるいは a, b, c などの文字を用いて表現した式のことを**文字式**という．文字式の書き表し方には決まりがある．ここでの学習は 将 来，数学の勉強をする 準 備にもなっている．

┌ 文字式の表現ルール ───

　文字と数との掛け算や文字同士の掛け算では「×」を省略してもよい．ただし，文字と数との掛け算の場合には，数を文字より前 (左) に書く．また，文字同士の積の場合にはアルファベット順に書くことが多い．さらに，1 と文字との積の場合には 1 を省略し，-1 と文字の積は「$-$」だけ書いて 1 を省略する．

　「×」を使ってはいけないというわけではない．また，「×」の代わりに「·」を使っても同じ意味である．

　「$a \times b$」は「ab」と書き表す．「$a \times 3$」は「$a3$」ではなく，「$3a$」と書き表す．「$b \times c \times a$」は「bca」と書いてもよいが，見やすさを考えて，「abc」とアルファベット順に書き表すことが多い．「$1 \times x$」は単に「x」，「$1 \times (-x)$」は単に「$-x$」と書く．もちろん，「$y \times (-1)$」なども単に「$-y$」と書く．「$(a+b) \times (x+y)$」は「$(a+b)(x+y)$」と書き表すことが多い．

　小学校では，$3\frac{1}{7}$ などの "帯分数" というものを習ったであろうが，中学校以降は帯分数を使うことはなく，"仮分数" で表すことになる．今後は帯分数を使わない方がよいであろう．というのも，たとえば，「$3 \times a$」を「$3a$」と書き表すことを説明したが，文字式には後で説明するように「代 入」という操作ができる．「a に $\frac{1}{7}$ を代入する」とは，a のところを $\frac{1}{7}$ に置き換えて計算するという意味であり，すると，$3a$ は $3 \times \frac{1}{7}$ という意味であるから，$\frac{3}{7}$ であり，$3\frac{1}{7}\left(=\frac{22}{7}\right)$ ではない!! そもそも帯分数 $3\frac{1}{7}$ は「$3+\frac{1}{7}$」の「$+$」を省略した表記であるが，中学校以降は「×」を省略するルールにするので，紛らわしさを避けるためにも帯分数の使用は控えよう! どうしても帯分数 $3\frac{1}{7}$ をいいたいのであれば，「$3+\frac{1}{7}$」と表そう．

　割り算記号「÷」は使ってもよいが，割り算は「逆数の掛け算」として計算するので，分数を用いて書いた方が便利である．たとえば，「$x \div b \times a$」であれば，「$\frac{ax}{b}$」と書くとよい．「$x \times x$」は「x^2」，「$x \times x \times x$」は「x^3」などと表す (本書ではほとんど出てこない)．「x^2」は「エックスの二 乗」，「x^3」は「エックスの三 乗」と読む．

アドバイス　　$6 \times b$ は $6b$ と表す．これは「66」と紛らわしい．$9 \times q$ は $9q$ と表す．これは「99」と紛らわしい．$2 \times z$ は $2z$ と表す．これは「22」と紛らわしい．$(-1) \times l$ は $-l$ と表す．これは「-1」と紛らわしい．そこで，筆記体を用いて，

$$6b \text{ は } 6b, \quad 2z \text{ は } 2\mathit{z}, \quad 9q \text{ は } 9q, \quad -l \text{ は } -\ell$$

と書き記すとよい．他にも人によっては癖字で見間違うこともあるかもしれない．誤解を減らす工夫を普段から心がけよう！

文字式を用いて様々な数や量を表してみよう.

例 7

(1) 百の位の数が a, 十の位の数が b, 一の位の数が c である 3 桁の数は

$$100a + 10b + c$$

と表せる.「abc」ではないことに注意 (abc だと, $a \times b \times c$ の意味になってしまう)！

(2) x 時間 y 分 z 秒は

$$3600a + 60y + c \text{ 秒}$$

と表せる. また x 時間 y 分 z 秒は

$$60a + y + \frac{c}{60} \text{ 分}$$

とも表せる.

(3) ペンを 5 本ずつ x 人に分けると y 本余った. このときペンは全部で

$$5x + y \text{ 本}$$

あることになる.

(4) 算数のテストの点数について, 1 組 x 人の平均が 60 点, 2 組 y 人の平均が 70 点であったとき, 1 組と 2 組をあわせた全体の平均点は

$$\frac{60x + 70y}{x + y} \text{ 点}$$

と表せる.

練習 7

(1) x 時間 y 分 z 秒 は何時間か.

(2) a ％の食塩水 200 g と b ％の食塩水 150 g を混ぜた食塩水には何 g の食塩が溶けているか.

(3) 定価 x 円の品物を y 割引きで売るときの値段はいくらか.

(4) a km の道のりを x 時間で歩いたとき, 平均分速は何 m か.

(5) A 町から B 町までの 10km の距離を, 途中の C 町まで毎時 a km の速さで, C 町から毎時 b km の速さで B 町に向かった. A 町から C 町までの距離を x km として, A 町から B 町まで行くのに要した時間は何時間か.

(6) あるテストの結果, 国語・数学・英語の 3 科目の平均が a 点, 国語・社会・数学・理科の 4 科目の平均点が b 点, 国語・数学の 2 科目の平均が c 点であったとき, 5 科目の平均点は何点か.

2.2.2　同類項

　文字や数の積だけでまとまったパーツのことを**項**といい，文字の部分がまったく同じ項を**同類項**という．たとえば，$2x+2y-3c+2a-b+5x-y-4a$ という式は

$$「2x」，「2y」，「-3c」，「2a」，「-b」，「5x」，「-y」，「-4a」$$

の 8 つのまとまったパーツから構成されている．この 8 つのパーツのそれぞれを「項」という．同類項はまとめることで "整理する" ことができる．この場合には，「$2x$」と「$5x$」が同類項であり，「$2y$」と「$-y$」が同類項であり，「$2a$」と「$-4a$」が同類項である．

$$\text{同類項である「}2x\text{」と「}5x\text{」をまとめて整理すると「}7x\text{」,}$$

$$\text{同類項である「}2y\text{」と「}-y\text{」をまとめて整理すると「}y\text{」,}$$

$$\text{同類項である「}2a\text{」と「}-4a\text{」をまとめて整理すると「}-2a\text{」}$$

となり，

$$2x+2y-3c+2a-b+5x-y-4a = 7x+y-2a-b-3c$$

と整理できる．

　同類項を整理する際には，同類項と分かるように，次のように同類項に同じ記号や下線を引くと見やすくなる．(式に記号が重なると見にくくなるので，重ならないように書くようにしよう!)

$$2x + 2y - 3c + 2a - b + 5x - y - 4a$$

2.2.3　文字式の計算

A，B，C を文字式として，数の計算法則と同様，次の文字式の計算法則も成立する．

文字式の計算法則

交換法則　　$A+B = B+A$　　　　$A \times B = B \times A$

結合法則　　$A+(B+C) = (A+B)+C$　　　　$A \times (B \times C) = (A \times B) \times C$

分配法則　　$A \times (B+C) = A \times B + A \times C$　　　　$(A+B) \times C = A \times C + B \times C$

また，文字式の計算で頻繁に用いるのが，次の方法である．

文字式の計算方法

$$\text{かっこの前が} \begin{cases} \text{正の数のときは，符号はそのままで} \\ \text{負の数のときは，各項の符号を変えて} \end{cases}$$

かっこをはずして，同類項をまとめる (整理する)．

かっこをはずす操作のことを **"展開"** という．

例 8　次の式を展開し，同類項を整理してみよう．

(1)

$$\begin{aligned}(3a-2b+4c)+(3a-4b+3) &= 3a-2b+4c+3a-4b+3 \\ &= 6a-6b+4c+3.\end{aligned}$$

(2)

$$\begin{aligned}(3a-2b+4c)-(3a-4b+3) &= 3a-2b+4c-3a+4b-3 \\ &= 2b+4c-3.\end{aligned}$$

(3)

$$\begin{aligned}(3a-2b+4c)+2(3a-4b+3) &= 3a-2b+4c+6a-8b+6 \\ &= 9a-10b+4c+6.\end{aligned}$$

(4)

$$\begin{aligned}(3a-2b+4c)-2(3a-4b+3) &= 3a-2b+4c-6a+8b-6 \\ &= -3a+6b+4c-6.\end{aligned}$$

(5)

$$-7(5x-9)+5(4x-2) = -35x+63+20x-10$$
$$= -15x+53.$$

(6)

$$x-3-6\left(\frac{2}{7}x-1\right) = x-3-\frac{12}{7}x+6$$
$$= -\frac{5}{7}x+3.$$

(7)

$$\frac{2}{3}(x+5)+\frac{1}{4}(x-2) = \frac{2}{3}x+\frac{10}{3}+\frac{1}{4}x-\frac{1}{2}$$
$$= \frac{11}{12}x+\frac{17}{6}.$$

練習 8　次の式を展開し，同類項をまとめることで，式を整理せよ．

(1) $6(2x-7)-(x-4)$

(2) $-(7-x)-(5-2x)$

(3) $-2(-1-3x)-3(5-2x)$

(4) $-\dfrac{2}{3}(-6+3x)-\dfrac{1}{2}(5-2x)$

(5) $\dfrac{1}{3}(x-5)-\dfrac{3}{4}(2x-3)+4\left(\dfrac{3x+1}{2}-\dfrac{x-2}{4}\right)$

(6) $-2(y-3x)-\dfrac{3}{2}(5x-2y)$

(7) $-\dfrac{2}{3}(-6x+3y+1)-\dfrac{3}{2}(5x-2y-1)$

(8) $2(2x-3y+z)-(2x-4z)-2(-2y+z)$

(9) $\dfrac{4}{3}(3x-6y+9z)-\dfrac{3}{2}(-2x+4y-6z)$

2.2.4　代入

文字式において，使われている文字を具体的な値として考えたいとき，文字に数値を当てはめて計算することができる．この操作を文字に数値を**代入**するといい，代入して計算した結果を**式の値**という．

たとえば，$3x$ という式に $x=2$ を代入すると，

$$3x = 3 \times 2 = 6$$

となり，この「6」が「式の値」である．ここで注意したいのは，「$3x$」の x に 2 を代入するとき，$3x = 32$ と書いてはいけない！これだと「三十二」という意味になる．数と数の掛け算では「$\times$」は省略できない (省略するといまのように別の数値を表すことになってしまう!) ので，「$\times$」あるいは「$\cdot$」を書くようにしよう．

また，$3x$ という式に $x=-2$ を代入すると，もちろん「$3-2$」ではなく，3 掛ける x の x に -2 を代入するので，

$$3x = 3 \times (-2) = -6$$

となり，この「-6」が「式の値」である．ここで注意したいのは，「$3x$」の x に -2 を代入するとき，$3x = 3 \times -2$ と書いてはいけない！この「$-$」は引き算ではなく，「負の符号」を意味しており，「-2」でまとまった意味をもち，そのまとまりをはっきりさせるために，$3 \times (-2)$ のカッコは省略できない．

> 例9　$x=2$, $y=1$, $a=3$, $b=4$ のとき，
>
> $$(3x-y+a+2b)+2(-a+x-b+2y)-3(-2y-4x+a-b)$$
>
> の値を求めてみよう．代入すると，この式の値は

$$
\begin{aligned}
&(3\times2-1+3+2\times4)+2\times(-3+2-4+2\times1)-3\times(-2\times1-4\times2+3-4)\\
=&(6-1+3+8)+2\times(-3+2-4+2)-3\times(-2-8+3-4)\\
=&16+2\times(-3)-3\times(-11)\\
=&16-6+33\\
=&43
\end{aligned}
$$

である．

あらかじめ，同類項を整理しておき，その整理した後の式に代入すれば，(何度も代入する必要はなく) もう少し楽に計算できる．

$$(3x - y + a + 2b) + 2(-a + x - b + 2y) - 3(-2y - 4x + a - b)$$
$$= 3x - y + a + 2b - 2a + 2x - 2b + 4y + 6y + 12x - 3a + 3b$$
$$= (3 + 2 + 12)x + (-1 + 4 + 6)y + (1 - 2 - 3)a + (2 - 2 + 3)b$$
$$= 17x + 9y - 4a + 3b$$

であり，これに $x = 2$, $y = 1$, $a = 3$, $b = 4$ を代入することで，式の値は

$$17 \times 2 + 9 \times 1 - 4 \times 3 + 3 \times 4 = 34 + 9 - 12 + 12 = 43$$

と求めることができる．

練習 9　$a = 2$, $b = -\dfrac{1}{3}$, $c = 0.5$ のとき，次の (1) ～ (4) の式の値を求めよ．

(1) $a + 3b + 2c - 1$

(2) abc

(3) $(3a + 4b - c) - 2(2a + b - 4c) + 3(3a - 5b + c) + (-7a + 2b + 3c)$

(4) $\dfrac{b}{a} - \dfrac{c}{b} - \dfrac{a}{c}$

休憩 単位の換算において次のことは役に立つであろう．たとえば，3km は 3000m である．これは k を文字式とみなして，k に 1000 を代入するとよい．

$$3\,\mathrm{k\,m} = 3 \times 1000\,\mathrm{m} = 3000\,\mathrm{m}.$$

また，d には $\dfrac{1}{10}$ を，c には $\dfrac{1}{100}$ を，m には $\dfrac{1}{1000}$ を代入すると，単位の換算ができる．実際，

$$7\,\mathrm{d\,L} = 7 \times \frac{1}{10}\,\mathrm{L} = 0.7\,\mathrm{L},$$

$$69\,\mathrm{c\,m} = 69 \times \frac{1}{100}\,\mathrm{m} = 0.69\,\mathrm{m},$$

$$823\,\mathrm{m\,g} = 823 \times \frac{1}{1000}\,\mathrm{g} = 0.823\,\mathrm{g}$$

となる．また，面積の単位 ha については，h に 100 を代入して，たとえば，

$$3\,\mathrm{h\,a} = 3 \times 100\,\mathrm{a} = 300\,\mathrm{a}$$

とできる．

2.2.5　文字式の活用　速算法

速算法その 1　11×11 から 19×19 までの掛け算を工夫してやってみる.

まず, 次の式が成り立つことを確認しておく.

$$(10+a)(10+b) = 10(10+a+b)+ab. \qquad \cdots\cdots(*)$$

証明

$$\Bigl((*)\text{ の左辺}\Bigr) = (10+a)(10+b) = 100+10a+10b+ab$$

であり, 一方,

$$\Bigl((*)\text{ の右辺}\Bigr) = 10(10+a+b)+ab = 100+10a+10b+ab$$

となるので, $(*)$ が成り立つことがわかる.　　　　　　　　　　　　　(証明終り)

ここで, A, B を $11,12,13,14,15,16,17,18,19$ のいずれかとする. A, B は十の位の数はともに 1 であり, 一の位の数をそれぞれ a, b とおけば, a, b は $1,2,3,4,5,6,7,8,9$ のいずれかであって,

$$A = 10+a, \quad B = 10+b$$

と表される. 例えば, $A = 14$, $B = 18$ であれば, A の一の位の数 4 が a にあたり, B の一の位の数 8 が b にあたる. さらに,

$$A = 14 = 10+4 = 10+a, \quad B = 18 = 10+8 = 10+b$$

と表せる. すると,

$$\Bigl((*)\text{ の左辺}\Bigr) = (10+a)(10+b) = AB$$

であるから, $(*)$ より,

$$AB = 10(10+a+b)+ab$$

が成り立つことがわかり, さらに, $10+a = A$ であるから,

$$AB = 10(A+b)+ab.$$

よって, $A \times B$ の計算をするには,

Step1　一方の数にもう一方の一の位の数を足す.　　　　　　$\cdots\cdots A+b$ の計算にあたる

Step2　その数を 10 倍する. (位取りでは, 左に 1 つズラす.)　　$\cdots\cdots 10(A+b)$ の計算にあたる

Step3　一の位の数同士の積をそれに加える.　　　　　$\cdots\cdots 10(A+b)+ab$ の計算にあたる

にしたがって計算すればよい．例えば，14×18 の計算 $(A = 14,\ B = 18)$ では，

$$14 \times 18 = ? \longrightarrow 14 + 8 = 22 \longrightarrow 22 \times 10 = 220 \longrightarrow 220 + 4 \times 8 = 220 + 32 = 252$$

のように計算できる．

(注意 1)　計算手順をいくつかの例で確認しておく．

$$16 \times 17 = ? \longrightarrow 16 + 7 = 23 \longrightarrow 23 \times 10 = 230 \longrightarrow 230 + 6 \times 7 = 230 + 42 = 272.$$

$$13 \times 14 = ? \longrightarrow 13 + 4 = 17 \longrightarrow 17 \times 10 = 170 \longrightarrow 170 + 3 \times 4 = 170 + 12 = 182.$$

$$18 \times 13 = ? \longrightarrow 18 + 3 = 21 \longrightarrow 21 \times 10 = 210 \longrightarrow 210 + 8 \times 3 = 210 + 24 = 234.$$

$$19 \times 14 = ? \longrightarrow 19 + 4 = 23 \longrightarrow 23 \times 10 = 230 \longrightarrow 230 + 9 \times 4 = 230 + 36 = 266.$$

(注意 2)　11×11 から 19×19 の計算結果は次の表の通り．
頭の中で実践してみて，結果が正しいか確認してみよう．

×	11	12	13	14	15	16	17	18	19
11	121	132	143	154	165	176	187	198	209
12	132	144	156	168	180	192	204	216	228
13	143	156	169	182	195	208	221	234	247
14	154	168	182	196	210	224	238	252	266
15	165	180	195	210	225	240	255	270	285
16	176	192	208	224	240	256	272	288	304
17	187	204	221	238	255	272	289	306	323
18	198	216	234	252	270	288	306	324	342
19	209	228	247	266	285	304	323	342	361

(注意 3)　例えば，15×18 の計算では，

$$15 \times 18 = 15 \times 2 \cdot 9 = 30 \cdot 9 = 270$$

とする方が楽であろう．臨機応変に使えればよい．

(注意 4)　この計算の原理は

$$(10+a)(10+b) = 10(10+a+b)+ab \qquad \cdots\cdots(*)$$

であるが，この式の成立は，長方形の面積として解釈できる．

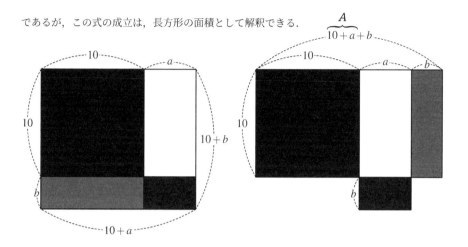

速算法その 2

十の位の数が同じで，一の位の数の和が **10** であるような **2** 桁の数同士のかけ算

まず，次の式が成り立つことを確認しておく．

$$a+b = 10 \text{ のとき，} \quad (10x+a)(10x+b) = 100x(x+1)+ab. \qquad \cdots\cdots(\clubsuit)$$

証明

$$
\begin{aligned}
\Big((\clubsuit) \text{ の左辺}\Big) &= (10x+a)(10x+b) = 100x^2 + 10x(a+b) + ab \\
&= 100x^2 + 10x \times 10 + ab \qquad (\text{仮定 } a+b=10 \text{ を用いた}) \\
&= 100x^2 + 100x + ab \\
&= 100x(x+1) + ab = \Big((\clubsuit) \text{ の右辺}\Big). \qquad (\text{証明終り})
\end{aligned}
$$

ここで，2 桁の数 A, B を考え，ともに十の位の数は x とする．さらに，A の一の位の数を a，B の一の位の数を b とし，$a+b=10$ であるとする．つまり，2 数 A, B は十の位の数が同じで，一の位の数の和が 10 であるような 2 桁の数である．a, b の少なくとも一方が 0 であれば，$A \times B$ はカンタンに計算できるので，a, b はともに 0 でないとする．すなわち，$ab \neq 0$ であるとする．

$$A = 10x+a, \quad B = 10x+b$$

と表せ，$A \times B$ の計算を考える．$(\clubsuit)$ より，

$$A \times B = (10x+a)(10x+b) = 100x(x+1)+ab$$

であるから，

Step1 共通の十の位の数 x とそれに $+1$ した数 $(x+1)$ をかける．$\cdots\cdots x(x+1)$ の計算にあたる
Step2 その数を 100 倍する．(位取りでは，左に 2 つズラす．) $\cdots\cdots 100x(x+1)$ の計算にあたる
Step3 一の位の数同士の積をそれに加える．$\qquad \cdots\cdots 100x(x+1)+ab$ の計算にあたる

にしたがって計算すればよい．例えば，$A=43, B=47$ では，$(x=4, a=3, b=7)$

$$4 \times (4+1) = 4 \times 5 = 20 \longrightarrow 20 \times 100 = 2000 \longrightarrow 2000 + 3 \times 7 = 2000 + 21 = 2021$$

のように計算できる．

(注意 1) 計算手順をいくつかの例で確認しておく．

$36 \times 34 = ? \longrightarrow 3 \times (3+1) = 3 \times 4 = 12 \longrightarrow 12 \times 100 = 1200 \longrightarrow 1200 + 6 \times 4 = 1200 + 24 = 1224$

$61 \times 69 = ? \longrightarrow 6 \times (6+1) = 6 \times 7 = 42 \longrightarrow 42 \times 100 = 4200 \longrightarrow 4200 + 1 \times 9 = 4200 + 9 = 4209$

$75 \times 75 = ? \longrightarrow 7 \times (7+1) = 7 \times 8 = 56 \longrightarrow 56 \times 100 = 5600 \longrightarrow 5600 + 5 \times 5 = 5600 + 25 = 5625.$

$18 \times 12 = ? \longrightarrow 1 \times (1+1) = 1 \times 2 = 2 \longrightarrow 2 \times 100 = 200 \longrightarrow 200 + 8 \times 2 = 200 + 16 = 216.$

(注意 2) 要領としては，まず，一致している十の位の数とそれに 1 を加えた数の積 $\left(x \cdot (x+1) \text{ にあたる} \right)$ を書き，次に，その右に一の位の数同士の積を書く (1×9 のときは 09 と書く)．

(注意 3) 2 桁同士の 2 数のかけ算ならなんでもこの方法でできるわけで**はない!!**

きちんと，「**十の位の数が同じで，一の位の数の和が 10 である**」という条件を確認した上で用いること!!

(注意 4) $11 \times 19, 12 \times 18, 13 \times 17, 14 \times 16, 15 \times 15$ の計算については，速算法その 1 のやり方でもできる．例えば，18×12 の計算において，速算法その 2 のやり方では，

$18 \times 12 = ? \longrightarrow 1 \times (1+1) = 1 \times 2 = 2 \longrightarrow 2 \times 100 = 200 \longrightarrow 200 + 8 \times 2 = 200 + 16 = 216.$

一方，速算法その 1 のやり方では，

$18 \times 12 = ? \longrightarrow 18 + 2 = 20 \longrightarrow 20 \times 10 = 200 \longrightarrow 200 + 8 \times 2 = 200 + 16 = 216.$

当然，同じ結果になるのだが，速算法その 2 の方が楽に計算できる．

ただし，(注意 3) でも指摘したが，速算法その 2 は 14×18 などには適用できないので，14×18 や 17×16 の計算を速算法でやるなら速算法その 1 を用いること!

(注意 5) $15^2, 25^2, 35^2, 45^2, 55^2, 65^2, 75^2, 85^2, 95^2$ の計算はすべて「**十の位の数が同じで一の位の数の和が** $(5+5=)10$ **である**」という条件を満たしているので，速算法その 2 の計算方法が使える!!

$$15^2 = 225, \quad 25^2 = 625, \quad 35^2 = 1225, \quad 45^2 = 2025, \quad 55^2 = 3025,$$

$$65^2 = 4225, \quad 75^2 = 5625, \quad 85^2 = 7225, \quad 95^2 = 9025.$$

(注意 6) この計算の原理は

$$a+b = 10 \text{ のとき}, \quad (10x+a)(10x+b) = 100x(x+1) + ab \qquad \cdots\cdots(\clubsuit)$$

であるが，この式の成立は，長方形の面積として解釈できる．

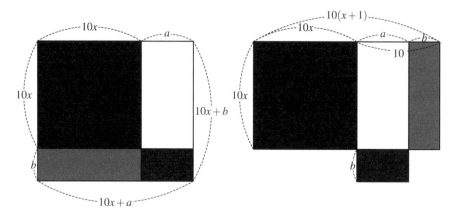

2.3　方程式

2.3.1　等式による表現

> **等式による表現**
>
> 2 つの数量 A と B が等しいとき,
>
> $$A = B$$
>
> と書き表す. 「=」は「イコール (equal)」と読み, この記号は "等号" と呼ばれ,
> 等号を用いた関係式のことを**等式**という. A と B が等しいとき, 等式 $A = B$
> が "成り立つ" という表現も使われる. また, 等号の左に書かれている A を
> 「**左辺**」といい, 等号の右に書かれている B を「**右辺**」という. 左辺 A と右辺
> B をまとめて「**両辺**」という.

式を作る ("式を立てる", "立式する" という) 際には, **両辺での単位をそろえよう!**
さらには, 文章の流れに沿った立式を心がけるとわかりやすい.

例 10　現在, 父は x 才, 子どもは y 才である. 10 年後には父の年齢は子どもの年齢の 3 倍になる. この文章を数式化してみよう.

$$(10 \text{ 年後の父の年齢}) = (10 \text{ 年後の子どもの年齢}) \times 3$$

である. 10 年後の子どもの年齢は $y + 10$ であり, この 3 倍が 10 年後の父の年齢 $x + 10$ であることから,

$$x + 10 = (y + 10) \times 3$$

と表せる.

練習 10　次の数量関係を等式で表せ.

(1) a 個のりんごを 7 人の子どもに b 個ずつ配ったら 3 個余った.

(2) 50 円のはがき x 枚と 80 円の切手 y 枚の代金の合計は z 円の 2 倍より 100 円安い.

(3) 20 % の食塩水 x g に水を y g 加えたら z % の食塩水になった.

休憩　等号の記号「＝」は，1557 年にRobert・Recordeが『知恵の砥石』(The Whetstone of Witte) という本で初めて用いた．レコードは「2 本の平行線ほど世の中に等しいものは存在しない」という理由から平行線をイメージした「＝＝＝＝」という横に長～いものを書いていた．等号記号を書くときにはこの "平行線" の由来を思い返すとよい．なお，様々な数学記号や用語の由来については，片野善一郎 (著)『数学用語と記号ものがたり』(裳華房) に詳しく書かれているので，興味のある人はこの本を読んでみるとよい．

2.3.2 等式の性質

次に述べる等式の性質は "当たり前" のことではあるが，方程式を機械的に解く上で重要な性質である．

等式の性質

A，B，C，D は数や文字式とする．次の (1)〜(7) が成り立つ．

(1) $A = A$ である．

(2) $A = B$ のとき，$B = A$ である．

(3) $A = B$ であり $B = C$ のとき，$A = C$ である．

(4) $A = B$，$C = D$ のとき，$A + C = B + D$ である．

(5) $A = B$，$C = D$ のとき，$A - C = B - D$ である．

(6) $A = B$，$C = D$ のとき，$AC = BD$ である．

(7) $A = B$，$C = D\,(\neq 0)$ のとき，$\dfrac{A}{C} = \dfrac{B}{D}$ である．

---

(1) により，(4)〜(7) で特に D として C をもってくれば，次のことがいえる．

等式の性質

(4)$'$ $A = B$ のとき，$A + C = B + C$ である．

(5)$'$ $A = B$ のとき，$A - C = B - C$ である．

(6)$'$ $A = B$ のとき，$AC = BC$ である．

(7)$'$ $A = B$，$C \neq 0$ のとき，$\dfrac{A}{C} = \dfrac{B}{C}$ である．

要するに，等式があったとき，両辺に同じ数を足したり，引いたり，掛けたり，割ったりしても等式が得られるわけである (当たり前)．

これらの性質から，たとえば，「$a - b = c$」という等式で，両辺に b を足すことで「$a = c + b$」が得られるし，あるいは，「$a + b = c$」という等式で，両辺から b を引くことで「$a = c - b$」が得られる．等式に登場するある**項**を等号をまたいで反対側へ**移**すことを "**移項**する" という．移項では，符号が変わることに注意せよ!!

上で述べたいくつかの等式の (当たり前な) 性質と移項を用いることで，ある等式から，

$$(\text{特定の文字}) = (\text{その特定の文字を含まない文字式})$$

の形に変形することを，"特定の文字**について解く**" という．

例 11 等式 $\dfrac{2a + 4b}{3} - a = \dfrac{3b - 2a}{4} - b$ を b について解いてみよう．

まず，分数を解消するために，両辺に 12 をかけると，

$$12\left(\frac{2a+4b}{3}-a\right)=12\left(\frac{3b-2a}{4}-b\right)$$

となる．展開すると，

$$4(2a+4b)-12a=3(3b-2a)-12b$$

が得られ，さらに，

$$8a+16b-12a=9b-6a-12b$$

により，

$$-4a+16b=-6a-3b$$

となる．右辺の「$-3b$」を左辺へ移項すると，

$$-4a+16b+3b=-6a$$

つまり

$$-4a+19b=-6a$$

となり，左辺の「$-4a$」を右辺へ移項すると，

$$19b=-6a+4a$$

つまり

$$19b=-2a$$

となる．この両辺を 19 で割ることで，

$$b=-\frac{2}{19}a$$

が得られる．これが「b について解いた」結果である．

練習 11

(1) 等式 $mv=100(m+M)$ を M について解け．

(2) 等式 $x+\dfrac{2x-3y}{4}=\dfrac{3y}{5}-\dfrac{2}{3}(x+1)$ を x について解け．

2.3.3　方程式の解法

たとえば，等式

$$\frac{1-x}{2} - 1 = 3 - \frac{4}{3}x$$

が正しい等式となる ("成り立つ" という) ような x の値はいくらであろうか? このように「＝」が成り立つような未知の数 x を求める式のことを**方程式**という．また，方程式を成り立たせる未知数 x の値のことを方程式の**解**といい，解を求めることを "方程式を解く" という．

試しに，この式の左辺に $x = 9$ を代入すると，

$$\frac{1-9}{2} - 1 = \frac{-8}{2} - 1 = -4 - 1 = -5$$

となる一方で，右辺に $x = 9$ を代入すると，

$$3 - \frac{4}{3} \times 9 = 3 - 4 \times 3 = 3 - 12 = -9$$

となり一致しないので，x の値は 9 ではダメだとわかる．では，解はいくらなのだろうか? x の値を勘 (当てずっぽう) で代入してみても，左辺と右辺の式の値が同じになるようなことはなかなかおこらなさそうである．もっと確実に x を知る方法はないのだろうか?

実は，その準備は整っており，上の等式を x について解けばよいのである!!

では実際に，方程式 $\dfrac{1-x}{2} - 1 = 3 - \dfrac{4}{3}x$ を解いてみよう．解を求めるために，"等式の性質" を用いて，x について解く!!

まず，分数を解消する ("分母を払う" という) ために両辺に 2 と 3 の公倍数の一つである 6 を掛ける．

$$6\left(\frac{1-x}{2} - 1\right) = 6\left(3 - \frac{4}{3}x\right)$$

より，

$$3(1-x) - 6 = 18 - 8x$$

となる．展開し，

$$3 - 3x - 6 = 18 - 8x$$

となり，x を含む項を左辺に，数値の項を右辺にくるように移項すると，

$$8x - 3x = 18 - 3 + 6$$

つまり

$$5x = 21$$

となる．両辺を 5 で割って，

$$x = \frac{21}{5}$$

となる．これが求めたい x の値 (解) である．$x = \dfrac{21}{5}$ が方程式 $\dfrac{1-x}{2} - 1 = 3 - \dfrac{4}{3}x$ の解であることを，$x = \dfrac{21}{5}$ は $\dfrac{1-x}{2} - 1 = 3 - \dfrac{4}{3}x$ を "満たす" とか "満足する" などということもある．

$\boxed{\text{例 12}}$　方程式 $1 - \dfrac{2-3x}{4} = \dfrac{5x-3}{2}$ を解いてみよう．

式変形では同値の記号 ($\Longleftrightarrow$) を用いることにする．この記号は，

$$(x \text{の式その} 1) \Longleftrightarrow (x \text{の式その} 2)$$

のように，式と式の関係性を述べるためのもので，「式その 1 を満たす x」と「式その 2 を満たす x」は全く同じものであり，「式その 1 を満たす x」を求める問題は「式その 2 を満たす x」を求める問題に言い換えられることを主張するものである．どんどん問題を簡単になるように言い換えていくのである．

$$
\begin{aligned}
& 1 - \frac{2-3x}{4} = \frac{5x-3}{2} \\
\Longleftrightarrow\ & 4\left(1 - \frac{2-3x}{4}\right) = 4 \times \frac{5x-3}{2} \\
\Longleftrightarrow\ & 4 - (2-3x) = 2(5x-3) \\
\Longleftrightarrow\ & 4 - 2 + 3x = 10x - 6 \\
\Longleftrightarrow\ & -7x = -8 \\
\Longleftrightarrow\ & x = \frac{8}{7}.
\end{aligned}
$$

よって，求める解は $x = \dfrac{8}{7}$ である．

練習 12　次の方程式を解け.

(1) $8 - 2(-x + 1) - 2x = 2x - 5$

(2) $2 - \dfrac{5x - 4}{6} = 2x$

(3) $\dfrac{2}{3}(x - 4) = \dfrac{1}{4}(3x + 1) - 1$

(4) $0.12x + 1.1 = 0.06x - 0.04$

(5) $4(0.5x - 0.1) - 0.3(2x - 5) = 1 - 0.6(x - 1)$

(6) $\dfrac{7x - 3}{3} - \dfrac{3x - 1}{4} = \dfrac{5 - x}{12}$

(7) $7 - 4\left(x + \dfrac{2}{3}\right) = \dfrac{5x - 3}{6}$

(8) $9x - 2\{5 + 6(x - 1)\} = 4(x - 3)$

(9) $15 - 2\left(2x - \dfrac{3x + 1}{4}\right) = \dfrac{1}{2}$

(10) $\dfrac{1}{3}(4x - 1) - \dfrac{1}{2}(11 - x) = 0.75(x - 2)$

2.3.4　比と方程式

2 つの数の相対的な大きさを表す手法として，"比" という概念がある．

例えば，8 は 4 の 2 倍である．これは 4 を「1」とみたとき，8 が「2」に相当するということで，

$$8 : 4 = 2 : 1 \qquad \cdots ①$$

と書き表す．記号「：」は「対」と読む．また，300 は 200 の 1.5 倍である．これは 200 を「1」とみたとき，300 が「1.5」に相当するということであるが，小数はわかりにくいので，100 を「1」とみたとき，200 が「2」に，300 が「3」に相当すると考え，

$$300 : 200 = 3 : 2 \qquad \cdots ②$$

と表す．

①と同じことを分数で表すと，$\dfrac{8}{4} = \dfrac{2}{1}$ となり，②と同じことを分数で表すと，$\dfrac{300}{200} = \dfrac{3}{2}$ となる．簡単な比で表すことは，分母，分子が簡単な数になるように約分する操作に対応している．

比に関する式の扱い

A, B, C, D は数や文字式とする．

$$A : B = C : D$$

という関係式は

$$\frac{A}{B} = \frac{C}{D}$$

あるいは，これに BD をかけて分母を払った

$$AD = BC$$

という式に書き換えることができる．

例13　$\left(\dfrac{2}{5}x + \dfrac{1}{3}\right) : \left(\dfrac{4}{3}x - \dfrac{7}{2}\right) = 3 : 2$ を満たす x を求めてみよう．

$\left(\dfrac{2}{5}x + \dfrac{1}{3}\right) : \left(\dfrac{4}{3}x - \dfrac{7}{2}\right) = 3 : 2$ は

$$\left(\frac{2}{5}x + \frac{1}{3}\right) \times 2 = \left(\frac{4}{3}x - \frac{7}{2}\right) \times 3$$

と書き換えることができ，この x についての方程式を解けばよい．

$$\frac{4}{5}x + \frac{2}{3} = 4x - \frac{21}{2}.$$

両辺に 30 をかけて，分母を払うと，

$$24x + 20 = 120x - 315.$$

$$96x = 335.$$

よって，求める x は

$$x = \frac{335}{96}$$

である.

練習 13　次の式を満たす x の値を求めよ.

(1) $(x - 1) : (4x + 3) = 2 : 1$

(2) $\left(\dfrac{2}{5}x + \dfrac{1}{3}\right) : (x + 2) = 7 : 15$

(3) $\left(\dfrac{2}{3}x - \dfrac{1}{3}\right) : \left(\dfrac{4}{3}x - \dfrac{7}{2}\right) = 5 : 7$

2.3.5　方程式の文章題への応用 (1)　個数の問題

　代数の知恵で文章題を解いてみよう．知りたい数を x などの文字でおくことで，自然な流れの立式ができるようになる．次の例で説明しよう．

　$\boxed{\text{例 14}}$　メロンを何人かの子どもに分けるのに，1 人 4 個ずつ分けると 2 個不足し，1 人に 3 個ずつ分けると 5 個余るという．このことから，メロンの個数と子どもの人数を求めることができる．

　「メロンを何人かの子どもに分ける」という問題文では子どもの人数が不明で，子どもの人数がわからないと，メロンの個数についても考えにくい．

　子どもの人数がわかれば，メロンをどれだけ配ったかが計算できるので，子どもの人数を x 人とすることで，計算が進んでいくことになる．では，実際にやってみよう．

　子どもの人数を x (人) とおいてみる．すると，「1 人 4 個ずつ分けると 2 個不足」することから，メロンの個数は

$$(\text{メロンの総数}) = 4x - 2$$

と表せる．一方で，「1 人に 3 個ずつ分けると 5 個余る」ことから，

$$(\text{メロンの総数}) = 3x + 5$$

とも表せる．したがって，

$$4x - 2 = 3x + 5$$

という x についての方程式が立式できる．これより，

$$x = 7$$

とわかる．つまり，子どもの人数は 7 (人) で，メロンの個数は $4 \times 7 - 2$ (あるいは $3 \times 7 + 5$) により，26 (個) である．

　$\boxed{\text{練習 14}}$

(1) あるクラスの生徒にペンを 1 人 3 本ずつ配ったら 40 本余った．そこで，もう 2 本ずつ配ったら 6 本不足した．このクラスの生徒数とペンの総本数を求めよ．

(2) ノートを 10 冊買うつもりで文房具店に行ったが，所持金では 200 円足りなかったので，8 冊だけ買うことにしたところ，40 円余った．所持金はいくらか．

2.3.6　方程式の文章題への応用 (2)　商売の問題

　商売に関する文章題を代数の知恵で解決しよう. 商売の問題では, お店の経営者側の立場で想像することが重要である. お店を維持するためには, 利益 (儲け) が必要である. しかし, 売るための商品などを準備するために, お店からは事前に出費がある. その費用を "仕入れ値" あるいは "原価" という. 商売をするにあたり, お客さんに提示する価格 ("定価" という)をお店が設定する. 定価を原価と等しくすると, 儲けはない (0 円). なので, 利益を得るためには, 定価は原価より高く設定する必要がある. 高ければ高いほど儲かると思うかもしれないが, お客さんが買ってくれないとどうしようもない. したがって, 適正な価格設定をしないといけない. このとき, "〜 の利益を見込んで定価をつける" という表現が用いられることが多い.「見込む」とは「予定通りその定価で売れることを願って」という意味で捉えればよい.

　そして, 実際にお客さんが購入する価格を "売価" という. これは商品の取引をするとき最終的にお店がいくらで売ったかという金額である. 売価が定価と一致することが多いが, たまに, 定価が少し高くてこのままだと売れ残ってしまう (食品などでは, 売れ残るだけでは済まず, 期限が過ぎると腐ってしまい廃棄しないといけなくなる. それでは儲かるどころか損失が出てしまう). そこで, 渋々, 定価から少し安くして売ることになり, 最終的にいくらで取引したかを表す値段が売価である. 実際の利益は (売価) − (原価) であり, (売価) − (原価) < 0 つまり売価が原価より安いなら "赤字 (損失)" ということになる.

例 15　ある商品を定価の通りに売れば, 1 個につき 45 円の利益がある. この商品を定価の 1 割 5 分引きで 8 個売るのと, 1 個につき 35 円値引きして 12 個売るのとでは, その利益が等しいという. この商品の 1 個の定価はいくらであろうか?

　求めたい "商品の 1 個の定価" を x 円とすると,「定価の通りに売れば, 1 個につき 45 円の利益がある」ことから, 原価 (仕入れ値) は $(x - 45)$ 円と表せる.

　定価の 1 割 5 分引きで 8 個売るときの利益

$$x \times \left(1 - \frac{15}{100}\right) \times 8 - (x - 45) \times 8 = 8\left\{\frac{17}{20}x - (x - 45)\right\} = 8\left(45 - \frac{3}{20}x\right)$$

円であり, 1 個につき 35 円値引きして 12 個売るときの利益が

$$(x - 35) \times 12 - (x - 45) \times 12 = 12\{(x - 35) - (x - 45)\} = 120$$

円である. これらが等しいことから,

$$8\left(45 - \frac{3}{20}x\right) = 120.$$

という x についての方程式が立式できる. あとはこれを解くだけである.

$$45 - \frac{3}{20}x = 15.$$

$$\frac{3}{20}x = 30.$$

$$x = 200.$$

よって，この商品の 1 個の定価は 200 円である.

練習 15

(1) ある商品を定価の 2 割引きで売っても，なお原価の 1 割 1 分の利益を得るには，定価を原価の何割増しにすればよいか.

(2) A 店と B 店がある品物を同じ値段でそれぞれ 1 個ずつ仕入れた．A 店では，仕入れた値段の 20 ％の利益を見込んで定価をつけ，B 店では 25 ％の利益を見込んで定価をつけた．ところがさっぱり売れないことに悩んだ両店は値引きして売ることにした.A 店では定価より 2000 円安く売り，B 店では定価の 14 ％引きで売った．すると，両店とも同じ売価になった．さて，この品物の仕入れ値はいくらであろうか.

2.3.7　方程式の文章題への応用 (3)　速さの問題

速さに関する文章題を代数の知恵で解決しよう.

$$(距離) = (速さ) \times (時間)$$

あるいは

$$(速さ) = \frac{(距離)}{(時間)} \qquad や \qquad (時間) = \frac{(距離)}{(速さ)}$$

を単位に注意して立式するとよい.

例 16　花子さんが A 地点から B 地点を通って C 地点まで行った. A と B の間は自転車に乗って時速 20 km で, B と C の間は徒歩で時速 4 km で行ったところ, 全体で 3 時間かかった. また, AB 間の距離は BC 間の距離より 6 km 長い. このとき, AC 間の距離はいくらだろうか.

BC 間の距離を x (km) とおく. すると, 「AB 間の距離は BC 間の距離より 6 km 長い」ことから, AB 間の距離は $x+6$ (km) と表せる. さて, AB 間にかかる時間は $\frac{x+6}{20}$ (時間) で, BC 間にかかる時間は $\frac{x}{4}$ (時間) であり, これらの合計が 3 (時間) であることから,

$$\frac{x+6}{20} + \frac{x}{4} = 3$$

という x についての方程式が立式できる. これを解こう!
両辺を 20 倍して, 分母を払うと,

$$(x+6) + 5x = 60$$

より,

$$6x = 54.$$

$$x = 9.$$

したがって, BC 間の距離は 9 (km), AB 間の距離は $9+6 = 15$ (km) とわかる.
　ゆえに, 求める AC 間の距離は

$$15 + 9 = 24 \text{ (km)}$$

である.

(注意)　AC 間の距離を求めたいわけだが, だからといって AC 間の距離を x (km) と設定するのがベストというわけではない.

練習 16

(1) 花子さんは家から学校に歩いて行くと，自転車で行くより 30 分多くかかる．花子さんの自転車の速さは毎時 13km，歩く速さは毎時 3km である．花子さんが家から学校に歩いて行くと何分かかるか．

(2) 家から駅まで 3 km の道のりを，走ると 30 分かかり，歩くと 40 分かかる人が，家から途中のある地点までは走り，その後は歩いて駅に着いたところ，所要時間は 36 分であった．この人が走った道のりは何 km か．

(3) 花子さんは A 地点と B 地点の間を，同じ道を通って自転車で往復した．行きに要した時間は 1 時間 10 分で，帰りに要した時間は 1 時間 30 分であった．また，行きの速さと帰りの速さはそれぞれ一定で，行きの速さは帰りの速さよりも毎時 4km 速かった．A 地点と B 地点の間の距離は何 km か．

2.3.8 方程式の文章題への応用 (4) 食塩水の問題

食塩水に関する文章題を代数の知恵で解決しよう．食塩水の問題では，溶けている塩の量を追跡することが多い．

$$(濃度) = \frac{(溶けている食塩の量)}{(食塩水の量)} \quad あるいは \quad (溶けている食塩の量) = (食塩水の量) \times (濃度)$$

によって立式する．

「食塩水の量」とは，「溶けている食塩の量」と「水の量」の合計である．また，「食塩水の一部を取り出してもその食塩水の濃度 (濃さ) はもとの食塩水の濃度と同じである」ことや，「蒸発」によっては塩の量は変化せず水の量だけが減る，などは問題文には書かれないが，問題を解く際には必要となる知識 (常識) である．

| 例 17 | 5 ％の食塩水と 4 ％の食塩水を混ぜ合わせ，さらに，食塩 10g と水 100g を加えたら 5.6 ％の食塩水が 500g できた．5 ％の食塩水は何 g 混ぜたであろうか?

混ぜた 5 ％の食塩水を x g と設定して考えてみよう．このようにおくと，混ぜた 4 ％の食塩水の重さが x を用いて表せる．実際，

$$x + (4 ％の食塩水の重さ) + 10 + 100 = 500$$

であるから，

$$(4 ％の食塩水の重さ) = 390 - x\,(g)$$

である．さて，この未知数 x についての方程式を立式したいが，最終的な食塩の量に注目してみよう．最終的には「5.6 ％の食塩水が 500g できた」ことから，

$$(最終的な食塩の量) = 500 \times \frac{5.6}{100} = 28\,(g)$$

である．

これは，5 ％の食塩水に含まれる食塩と 4 ％の食塩水に含まれる食塩および追加した食塩をあわせた重さであるから，

$$x \times \frac{5}{100} + (390 - x) \times \frac{4}{100} + 10 = 28$$

が成り立つことがわかる．この x についての方程式を解こう．

$$5x + 4(390 - x) = 1800.$$

$$5x + 1560 - 4x = 1800.$$

$$x = 240.$$

これより，5 ％の食塩水は 240 g 混ぜたことがわかる．

練習 17

(1) 濃度が 10 ％の食塩水が 100g 入った容器がある．この容器からある量を汲み出して，この容器に汲み出した量の倍の量の水を加えたところ，濃度が 6 ％の食塩水になった．汲み出した食塩水の量はいくらか．

(2) 3 ％の食塩水 40g と 12 ％の食塩水 50g がある．それぞれの食塩水から同じ量の水を蒸発させて，両方の食塩水を混ぜ合わせると 10 ％の食塩水ができた．それぞれから蒸発させた水の量はいくらか．

2.4　連立方程式

2.4.1　2元方程式

　未知数が 1 種類 (x が使われることが多い) である方程式を 1 元方程式という. これまで主に扱ってきたのは 1 元方程式であった. ここからは未知数が 2 種類 (x, y が使われることが多い) である方程式, すなわち, 2 元方程式を扱う.

　たとえば, x, y を未知数として,

$$2x - y + 2 = x + 2y - 1 \qquad \cdots (*)$$

という式を考えよう. この $(*)$ を満たす x, y はどのようなものであろうか?

　たとえば, $x = 0$ とすると, $(*)$ は $-y + 2 = 2y - 1$ となり, これを満たす y は $y = 1$ であるから, 「$x = 0$ で $y = 1$」は $(*)$ の解であるが, 「$x = 0$ で $y = -6$」は $(*)$ の解でない. ここで, 「$(*)$ を満たす x, y」というのは, x と y の値を決めたときに, その値の組が $(*)$ を満たすということである. そこで, 解が x と y の組であるということを強調して, $\begin{cases} x = 0, \\ y = 1 \end{cases}$ は $(*)$ の解である, あるいは, $(x, y) = (0, 1)$ は $(*)$ の解であるなどと表現することが多い.

　さて, $(*)$ を整理すると,

$$2x - x = 2y + y - 1 - 2$$

より,

$$x = 3y - 3 \qquad \cdots (\dagger)$$

となる. $(\dagger)$ の方が $(*)$ より考えやすいので, $(\dagger)$ で考えることにしよう.

$\begin{cases} x = 0, \\ y = 1 \end{cases}$ は $(*)$ の解であるが, 解は他にも,

$\begin{cases} x = 6, \\ y = 3 \end{cases}$ や $\begin{cases} x = -3, \\ y = 0 \end{cases}$ や $\begin{cases} x = 1, \\ y = \dfrac{4}{3} \end{cases}$ や $\begin{cases} x = -\dfrac{5}{4}, \\ y = \dfrac{7}{12} \end{cases}$ や $\begin{cases} x = 900, \\ y = 301 \end{cases}$ や $\begin{cases} x = -603, \\ y = -200 \end{cases}$

などがある. これ以外にも無数にあり, 列挙するときりがない.

　このように, たいてい未知数が複数あると, 1 つの等式を満たす解が 1 組には決まらない状況になる.

　例 18　$9x + 5y = 100$ を満たす x, y の組 (x, y) で, x と y がともに正の整数であるものをすべて求めよう.

　$9x + 5y = 100$ を満たす x, y には, $\begin{cases} x = 0, \\ y = 20 \end{cases}$ や $\begin{cases} x = 4, \\ y = \dfrac{64}{5} \end{cases}$ など無数にあるが, いまは, x と y が両方とも正の整数であるものを探したい. このように未知数に "整数であること" や "正

の整数であること" といった制約を設けることで，解が有限個に限定されることがある．文章題などでは，人数や本の冊数などは正の整数になるので，式が 1 本でもそこから答が限定されてしまうこともよくある．いま，$9x + 5y = 100$ を満たす x, y の組 (x, y) で，x と y がともに正の整数であるものを調べると，

$$(x, y) = (5, 11) \ \text{と} \ (10, 2)$$

の 2 組しかないことがわかる．勘が鋭いと，100 が 5 の倍数で，$5y$ も 5 の倍数となることから，$9x$ が 5 の倍数とならないといけないことがわかり，そこから x は 5 の倍数であるはずだと見抜けたかもしれない．

| 練習 18 |　2 元方程式

$$\frac{1}{3}x - \frac{2}{5}y + 1 = \frac{-2x + 3y}{4} - 1 \qquad \cdots (\bigstar)$$

について，次の組 (x, y) が $(\bigstar)$ の解であるかどうかを判定せよ．

(1) $(x, y) = (-2.4, 0)$.

(2) $(x, y) = \left(\dfrac{7}{3}, -\dfrac{9}{2} \right)$.

(3) $(x, y) = (-30, -20)$.

(4) $(x, y) = (78, -4)$.

(5) $(x, y) = (108, 80)$.

2.4.2 連立方程式の解法 (1) 代入法

複数の方程式をすべて満たす解を考える問題を連立方程式の問題という．たとえば，次のような問題を考えてみよう．x と y を未知数とするとき，x, y は

$$x = 3y - 3 \qquad \cdots ①$$

と

$$9x + 5y = 37 \qquad \cdots ②$$

の両方を満たすとしよう．このような組 (x, y) を求めたい．これが連立方程式の問題である．

$$\begin{cases} x = 0, \\ y = 1 \end{cases}$$ は ① の解であるが，① の解は他にも，

$$\begin{cases} x = 6, \\ y = 3 \end{cases}$$ や $$\begin{cases} x = -3, \\ y = 0 \end{cases}$$ や $$\begin{cases} x = 1, \\ y = \dfrac{4}{3} \end{cases}$$ や $$\begin{cases} x = -\dfrac{5}{4}, \\ y = \dfrac{7}{12} \end{cases}$$ や $$\begin{cases} x = 900, \\ y = 301 \end{cases}$$ や $$\begin{cases} x = 3, \\ y = 2 \end{cases}$$

など無数にある．しかし，いまここに挙げた組のうち，最後の $$\begin{cases} x = 3, \\ y = 2 \end{cases}$$ 以外は②を満たしていないが，最後の $$\begin{cases} x = 3, \\ y = 2 \end{cases}$$ は②を満たしている．$(x, y) = (3, 2)$ は①と②の両方を満たす (成立させる) ので，連立方程式「①かつ②」の解である．「かつ」とは「両方とも」という意味である．では，$(x, y) = (3, 2)$ の他に解はないのだろうか? あるいは，当てずっぽうではなく「こうやれば解が求められる」という上手い解の求め方はないのだろうか?

これらのことについて解説しよう．いまの例の場合，求めたい解 (x, y) は①も②も満たすようなものである．②を満たす (x, y) は $9x + 5y = 37$ となっているものだが，さらに x が $3y - 3$ となっているもの (①も満たすもの) でなければならないことから，y は，②の x を $3y - 3$ で置き換えた

$$9(3y - 3) + 5y = 37$$

をみたさなければならない．これは y についての方程式であるから，これを解くことで y の値が得られる．

$$27y - 27 + 5y = 37$$

より

$$32y = 64.$$

これより，$y = 2$ しかないことがわかる．x は $x = 3y - 3$ となっているものとして y から求めることができ，

$$x = 3 \cdot 2 - 3 = 3$$

である．これにより，連立方程式①かつ②の解は $(x, y) = (3, 2)$ **のみ**であることが納得できると思う．さらに，連立方程式は，このように一方の文字を他方の文字式で表し，文字を消去することで 1 元方程式 (未知数が 1 つの方程式) にして解くことができることもわかる．この連立方程式の解法を**代入法**という．連立方程式の解法には主に，この**代入法**と次に解説する**加減法**とがある．

> ┌ 代入法 ┐
> 一方の方程式をある文字について解き，それを他方の式に**代入**して，1 元方程式に帰着させて解く**方法**.

例 19　連立方程式 $\begin{cases} x + 2y = 8, \\ 2x + 7y = 31 \end{cases}$ を代入法で解いてみよう．連立方程式では複数の方程式を扱うので，どの式を指しているのかを式番号で識別すると便利である．

そこで，$x + 2y = 8$ を①，$2x + 7y = 31$ を②とする．これを

$$\begin{cases} x + 2y = 8, & \cdots ① \\ 2x + 7y = 31 & \cdots ② \end{cases}$$

と表す．①を x について解くと，

$$x = 8 - 2y$$

となり，これを②に代入することで x が消去でき，

$$2(8 - 2y) + 7y = 31.$$
$$16 - 4y + 7y = 31.$$
$$3y = 15.$$
$$y = 5.$$

これで y の値が求まったので，x の値は $x = 8 - 2y$ に $y = 5$ を代入して，

$$x = 8 - 2 \cdot 5 = -2$$

と求まる．したがって，連立方程式の解は $\begin{cases} x = -2, \\ y = 5 \end{cases}$ である．

　求めた解が正しいかどうかはいまの計算がすべて正しいかどうかを確認しなくても，いま得られた $(x, y) = (-2, 5)$ を①と②に代入してみればよい．

　$(x, y) = (-2, 5)$ を $x + 2y$ に代入して式の値を求めると，$x + 2y = -2 + 2 \cdot 5 = -2 + 10 = 8$ であるから，確かに①は満たされており，$(x, y) = (-2, 5)$ を $2x + 7y$ に代入して式の値を求めると，$2x + 7y = (-2) \cdot 2 + 7 \cdot 5 = -4 + 35 = 31$ であるから，②も満たされている．このように自分の求めた答えが正しいかどうかを確認する作業のことを **"解の吟味"** という．「吟味」とは "念入りに調べること" という意味である．連立方程式を解いた際には，解の吟味を行う習慣をつけよう！

(注意)　分数がでてきて煩雑<ruby>煩雑<rt>はんざつ</rt></ruby>になるが，次のように解くこともできなくはない．（しかし，なるべく単純な式がでてくるような方針で解くようにしよう．）

②を y について解いた $y = \dfrac{31-2x}{7}$ を①に代入し，

$$x + 2 \cdot \frac{31-2x}{7} = 8.$$

両辺に 7 をかけ，
$$7x + 2(31-2x) = 56.$$
$$7x + 62 - 4x = 56.$$
$$3x = -6.$$
$$x = -2.$$

これより，$y = \dfrac{31+4}{7} = 5.$

$\boxed{\text{練習 19}}$　次の連立方程式を代入法で解け．

(1) $\begin{cases} y = 2x - 1, \\ y - 3x = 4 \end{cases}$

(2) $\begin{cases} 5x + y = -7, \\ 6x - 2y = -2 \end{cases}$

(3) $\begin{cases} 4x - 3y = 16, \\ 2x - y = 6 \end{cases}$

(4) $\begin{cases} y = 2x + 3, \\ 6y - 5(2x+3) = 2 \end{cases}$

(5) $\begin{cases} 3x + y + 7 = 0, \\ 2x = 4y - 6 \end{cases}$

2.4.3　連立方程式の解法 (2) 加減法

連立方程式の解法の 1 つ "代入法" を解説した．ここでは，もう一つの解法である "加減法" について述べる．

> **加減法**
>
> 一方の文字にかけられている数を揃えて，式を加えたり引いたりして (加減して)，1 元方程式に帰着させて解く方法．

例 20　連立方程式 $\begin{cases} 3x - 2y = 7, & \cdots ① \\ 2x + 7y = 13 & \cdots ② \end{cases}$ を解いてみよう．

代入法では分数の使用が不可避となる．そのような場合には加減法が有効である．①を満たす $x,\ y$ を考えることは①の両辺を 5 倍した

$$15x - 10y = 35$$

を考えるのと同じことになる．この①の両辺を 5 倍した式を「①×5」と書き，

$$15x - 10y = 35 \qquad\qquad \cdots ① \times 5$$

などと表すことがある．方程式の両辺に同じ数をかけることで問題の式の見た目を変えることができる．

$$18x - 12y = 42 \qquad\qquad \cdots ① \times 6$$

や

$$-6x + 4y = -14 \qquad\qquad \cdots ① \times (-2)$$

でも①と同じ問題を考えていることになる．

登場する数を大きくするメリットはないように思うかもしれないが，①を 2 倍した

$$6x - 4y = 14 \qquad\qquad \cdots ① \times 2$$

と②を 3 倍した

$$6x + 21y = 39 \qquad\qquad \cdots ② \times 3$$

で考えると①かつ②という連立方程式は

$$\begin{cases} 6x - 4y = 14, \\ 6x + 21y = 39 \end{cases}$$

という連立方程式に書き換えられる．登場する数が大きくなるが，考えやすくなっていることがわかるだろうか？

これら 2 式には $6x$ が共通に含まれているので，2 式の差に着目すると，

$$(6x + 21y) - (6x - 4y) = 39 - 14$$

により，共通の $6x$ は消えて

$$25y = 25.$$

これより，

$$y = 1$$

とわかる．y の値が求まれば x の値は①あるいは②からわかり，$x = 3$ である．

　それぞれの式に数値をかけ，共通のパーツ (この場合は $6x$) がでてくるようにすることで，その 2 式を引けば共通のパーツ ($6x$) が消去でき，y だけの方程式を考えることに帰着されるのである．

　次のようにすることもできる．y を消去するために，

$$\begin{cases} 21x - 14y = 49, & \cdots ① \times 7 \\ 4x + 14y = 26 & \cdots ② \times 2 \end{cases}$$

と書き換えるのである．先ほどは $6x$ を消去するために 2 式で引き算をしたが，今度はこれら 2 式から $14y$ を消去するために，2 式を足す．これら 2 式が成り立つ x, y であれば両式を足した

$$(21x - 14y) + (4x + 14y) = 49 + 26$$

つまり

$$25x = 75$$

も成り立つからである．これより，x は 3 でなければならないことがわかる．すると，y は①あるいは②から求まる．

　x や y にかけられている数を揃えるように各式を何倍かずつし，それらを足したり引いたりすることで文字を消去することで未知数が 1 つの方程式にできるのである．このような解法を "加減法" という．代入法で解いても加減法で解いても解は同じである．かかる手間に差がある場合もある (し，ない場合もある)．様々な例で 2 通りの解法を試し，どちらの解法が楽に解けるのか，経験を積んでもらいたい．

練習 20　次の連立方程式を加減法で解け．

(1) $\begin{cases} x + y = 5, \\ x - y = 3 \end{cases}$

(2) $\begin{cases} 2x + y = 8, \\ x - 2y = 4 \end{cases}$

(3) $\begin{cases} 3x + 2y = 4, \\ 2x - 3y = 7 \end{cases}$

(4) $\begin{cases} x + 2y = -2, \\ -x + y = 5 \end{cases}$

(5) $\begin{cases} x - y = 7, \\ 3x + y = 5 \end{cases}$

(6) $\begin{cases} 4x - 3y = 5, \\ 2x + 3y = 7 \end{cases}$

(7) $\begin{cases} x - 5y = 11, \\ x + y = -1 \end{cases}$

(8) $\begin{cases} 5x - 2y = 4, \\ 2x - 3y = -5 \end{cases}$

(9) $\begin{cases} 3x - 7y = -2, \\ 6x - 5y = 14 \end{cases}$

(10) $\begin{cases} 2x + 3y = 2, \\ 3x + 4y = 3 \end{cases}$

2.4.4　煩雑な連立方程式

例 21　$\begin{cases} \dfrac{1}{5}x - \dfrac{3}{2}y = 0.7, & \cdots ① \\ 0.4x + 0.5y = -\dfrac{21}{10}. & \cdots ② \end{cases}$　を満たす $x,\ y$ を求めよう.

①式, ②式のそれぞれを簡単な形に変形してから, 代入法や加減法によって文字消去して解く!

まず, ①の両辺を 10 倍すると, 分数も小数も消せる.

$$2x - 15y = 7. \qquad\qquad \cdots ①'$$

次に, ②の両辺も 10 倍することで分数も小数も消せる.

$$4x + 5y = -21. \qquad\qquad \cdots ②'$$

②′ − ①′ × 2 により,

$$35y = -35.$$

これより,

$$y = -1$$

とわかり, これより, ①′ から,

$$2x + 15 = 7$$

より,

$$x = -4$$

とわかる. したがって, 求める解は $(x,\ y) = (-4,\ -1)$ である.

練習 21　次の連立方程式を解け.

(1) $\begin{cases} 0.2(x+2y) = 0.3x + 0.2y, \\ 0.3(x-y) = 1.2 - (0.2x - 0.1y) \end{cases}$

(2) $\begin{cases} \dfrac{x-11}{3} - y = 1, \\ 10x - \dfrac{y+21}{2} = 41 \end{cases}$

(3) $\begin{cases} 0.3x - 0.2y = 0.1, \\ \dfrac{5x+y}{2} = 9.5 \end{cases}$

(4) $\begin{cases} 0.3x - 0.5(y+1) = 2.6, \\ 0.8(x-2) + 1.5y = 1 \end{cases}$

(5) $\begin{cases} \dfrac{x}{3} - \dfrac{y-7}{6} = -1, \\ \dfrac{x-5}{4} + 2y = \dfrac{7}{2} \end{cases}$

2.4.5　連立方程式　$A = B = C$ 型

$A = B = C$ 型の方程式は

$$A \text{ を 2 度用いた} \begin{cases} A = B, \\ A = C \end{cases} \text{として考えるか}$$

$$B \text{ を 2 度用いた} \begin{cases} B = A, \\ B = C \end{cases} \text{として考えるか}$$

$$C \text{ を 2 度用いた} \begin{cases} C = A, \\ C = B \end{cases} \text{として考えるか}$$

のいずれかで考える．当然，どれで解いても同じ解が得られるが，2 度用いる式は簡単な式にすると扱いやすい．

$\boxed{例 22}$　$6x + y = 4x + 3y + 2 = 3x + 2y + 7$ を満たす $x,\ y$ を求めてみよう．

$$\begin{cases} 6x + y = 4x + 3y + 2, & \cdots ① \\ 6x + y = 3x + 2y + 7 & \cdots ② \end{cases}$$

と式番号を付ける．①，② をそれぞれ移項して整理すると，①は，

$$2x = 2y + 2$$

より，両辺を 2 で割って，

$$x = y + 1. \qquad \cdots ①'$$

②は，

$$3x = y + 7. \qquad \cdots ②'$$

これに ①′ を代入して，

$$3(y + 1) = y + 7.$$

$$3y + 3 = y + 7.$$

$$2y = 4.$$

$$y = 2.$$

①′ により，

$$x = y + 1 = 2 + 1 = 3.$$

よって，求める解は

$$(x,\ y) = (3,\ 2).$$

練習 22　次の連立方程式を解け.

(1) $3x + 7y = 4y - x = -5x + 2y + 4$

(2) $6x - y = 3x + 5y + 18 = -4x + 3y - 20$

(3) $\dfrac{2x - 4y + 1}{3} = \dfrac{3x + y - 8}{4} = \dfrac{-x - 3y - 6}{5}$

(4) $\dfrac{4x + 5y - 6}{2} = \dfrac{2x + 7y - 4}{3} = \dfrac{-11 + 3x - 4y}{-4}$

2.4.6　特殊な連立方程式

例 23　$\begin{cases} \dfrac{2}{x} - \dfrac{3}{y} = 9, \\ \dfrac{3}{x} + \dfrac{1}{y} = 2 \end{cases}$ を満たす x, y を求めてみよう.

$\dfrac{2}{x} = 2 \times \dfrac{1}{x}$, $\dfrac{3}{x} = 3 \times \dfrac{1}{x}$, $\dfrac{3}{y} = 3 \times \dfrac{1}{y}$ であることに注目して,

$$\frac{1}{x} = X, \qquad \frac{1}{y} = Y$$

と置き換て考えることにしよう. 数学ではこのような文字の置き換えによって, "ある 塊" の見た目をシンプルにすることで, 問題の構造や本質をあぶり出すことができる!!

いまの場合, x と y の連立方程式 $\begin{cases} \dfrac{2}{x} - \dfrac{3}{y} = 9, \\ \dfrac{3}{x} + \dfrac{1}{y} = 2 \end{cases}$ は $\dfrac{1}{x} = X$, $\dfrac{1}{y} = Y$ によって,

$$\begin{cases} 2X - 3Y = 9, & \cdots ① \\ 3X + Y = 2 & \cdots ② \end{cases}$$

という X と Y の連立方程式に書き換えることができる (これなら簡単に解ける!).
② から, $Y = 2 - 3X$ とし, これを ① に代入すると,

$$2X - 3(2 - 3X) = 9.$$
$$2X - 6 + 9X = 9.$$
$$11X = 15.$$

よって, $X = \dfrac{15}{11}$ とわかる. x は X の逆数であるから,

$$x = \frac{1}{X} = \frac{11}{15}.$$

また,

$$Y = 2 - 3X = 2 - 3 \times \frac{15}{11} = 2 - \frac{45}{11} = \frac{22 - 45}{11} = -\frac{23}{11}$$

と求まり, y は Y の逆数であるから,

$$y = \frac{1}{Y} = -\frac{11}{23}.$$

したがって, 求める x, y は,

$$(x, y) = \left(\frac{11}{15}, -\frac{11}{23} \right)$$

である.

練習 23　次の連立方程式を解け.

(1) $\begin{cases} \dfrac{1}{x+3} + \dfrac{1}{y} = 0, \\ \dfrac{3}{y} - \dfrac{1}{x+3} = 5. \end{cases}$

(2) $\begin{cases} \dfrac{1}{x+2y} - 3y = 0, \\ \dfrac{2}{x+2y} + y = 1. \end{cases}$

(3) $\begin{cases} \dfrac{2}{x+y} + \dfrac{3}{x-y} = 3, \\ \dfrac{9}{x-y} - \dfrac{5}{x+y} = -2. \end{cases}$

2.4.7　3 元連立方程式

未知数が 1 種類 (たいていは x という文字で表される) である方程式を 1 元方程式といい, 未知数が 2 種類 (たいていは x, y という文字で表される) である方程式を 2 元方程式という. ここでは, 未知数が 3 種類 (たいていは x, y, z という文字で表される) である方程式, すなわち, 3 元方程式を扱う.

未知数の個数が増えると連立方程式は複雑になり, 扱いが厄介になる. しかし, 次のことは心得ておくとよい. 一般に,

未知数が 2 つの方程式を解くときには, 式が 2 つ必要,

未知数が 3 つの方程式を解くときには, 式が 3 つ必要

である (厳密には,「解く」というのは「解がただ一組に決まる」という意味,「式」というのは「本質的に異なる 1 次式」という意味である. 詳細は大学の "線形代数" という講義で rank という概念を勉強するからいまは心配しなくてよい).

代入法や加減法の練習として未知数が 2 つの連立方程式の場合, 2 つの式を同時に満たす連立方程式を考えてきた. 未知数が 3 個になると, 考えるべき式も 3 つにしないと解がただ一つに決まらない.

たとえば, x, y, z を未知数とする 3 元方程式

$$x + 2y - 3z = 0$$

を考えよう. この解は $\begin{cases} x = 0, \\ y = 0, \\ z = 0 \end{cases}$ の他にも, $\begin{cases} x = 1, \\ y = 1, \\ z = 1 \end{cases}$ や $\begin{cases} x = -1, \\ y = -1, \\ z = -1 \end{cases}$ や $\begin{cases} x = 4, \\ y = 1, \\ z = 2 \end{cases}$ や

$\begin{cases} x = 1, \\ y = 4, \\ z = 3 \end{cases}$ など無数にある. では, 式を 2 本にした

$$(*) \begin{cases} x + 2y - 3z = 0, \\ 5x - 6y + 7z = 0 \end{cases}$$

はどうであろうか? $\begin{cases} x = 0, \\ y = 0, \\ z = 0 \end{cases}$ や $\begin{cases} x = 2, \\ y = 11, \\ z = 8 \end{cases}$ や $\begin{cases} x = 4, \\ y = 22, \\ z = 16 \end{cases}$ や $\begin{cases} x = -6, \\ y = -33, \\ z = -24 \end{cases}$ が解になって

いることが代入計算によって確認できる. 他にも無数に解はあり, ただ一つの解を定めることはなっていない. 未知数が 3 つだと, 式が 2 本でも解を一つに決める程には制約が強いわけで

いことがわかる．ではさらにもう 1 本，式を追加してみよう．たとえば，$4x-3y+5z=15$ を追加して，

$$\begin{cases} x+2y-3z=0, \\ 5x-6y+7z=0, \\ 4x-3y+5z=15 \end{cases}$$

としてみよう．どうやら，$\begin{cases} x=2, \\ y=11, \\ z=8 \end{cases}$　くらいしか解になっているものが見当たらないが，他に

はないだろうか？
代入法や加減法のアイデアで調べてみよう．

$$\begin{cases} x+2y-3z=0, & \cdots① \\ 5x-6y+7z=0, & \cdots② \\ 4x-3y+5z=15. & \cdots③ \end{cases}$$

①×5−② により x を消去すると，

$$16y-22z=0.$$

これより，$y=\dfrac{11}{8}z$ であることがわかる．また，①×3+② により y を消去すると，

$$8x-2z=0.$$

これより，$x=\dfrac{1}{4}z$ であることがわかる．まだ③を使っていないが，①と②を満たす $x,\ y,\ z$ は，

$$x=\frac{1}{4}z, \quad y=\frac{11}{8}z \tag{★}$$

を満たす必要があることがわかる．$(*)$ の解をいくつか列挙したが，すべてこの条件を満たして
いる！実は，$(*)$ の解は (★) を満たす組 (x,y,z) であり，これは好きに z を決めると，そこから
★) によって定まる $x,\ y$ をもってくればいくらでも解が作れることを意味している．では，さ
らに③が加わったらどうなるだろうか？(★) に③が追加されるので，z は

$$4\cdot\frac{1}{4}z-3\cdot\frac{11}{8}z+5z=15$$

つまり

$$\frac{15}{8}z=15$$

満たさなければならなくなり，z は 8 でなければならない．$x,\ y$ は z との関係として (★) を満
さないといけないから，

$$x=2, \quad y=11$$

なければならない．このようにして，「①かつ②かつ③」を満たす (x,y,z) が

$$(x,y,z)=(2,\,11,\,8)$$

のみであることがわかる.

例 24　x, y, z の 3 つの未知数に関する連立方程式

$$\begin{cases} x+y+z=6, & \cdots① \\ 3x-2y+z=10, & \cdots② \\ x-6y+9z=2 & \cdots③ \end{cases}$$

を解いてみよう.

基本方針は文字消去を心がけることである. たとえば, ① − ② によって z を消去すると,

$$-2x+3y=-4 \qquad\qquad \cdots④$$

が得られる. また, ① × 2 + ② によって y を消去すると,

$$5x+3z=22 \qquad\qquad \cdots⑤$$

が得られる. ④より $y=\dfrac{2x-4}{3}$ であり, ⑤より $z=\dfrac{22-5x}{3}$ である. これらをまだ用いていない③に代入して,

$$x-6\cdot\frac{2x-4}{3}+9\cdot\frac{22-5x}{3}=2.$$

$$x-2(2x-4)+3(22-5x)=2.$$

$$x-4x+8+66-15x=2.$$

$$18x=72.$$

$$x=4.$$

これより, $y=\dfrac{4}{3}$, $z=\dfrac{2}{3}$ とわかる. したがって, 求める解は

$$(x,\, y,\, z)=\left(4,\, \frac{4}{3},\, \frac{2}{3}\right)$$

である.

練習 24　次の連立方程式を解け.

(1) $\begin{cases} x+y=8, \\ y+z=7, \\ z+x=5. \end{cases}$

(2) $\begin{cases} x+2y=2y-3z=1, \\ x+2y+z=0. \end{cases}$

(3) $\begin{cases} 2x+y-z=5, \\ 3x-2y+5z=4, \\ 2x-y+z=3. \end{cases}$

2.4.8　文章題への応用 (1)　数当ての問題

いくつかの情報から数を特定する話題を取り上げる．これは代数全般に当てはまる内容であるが，ここでは少しパズル的なものを扱おう．まずは，有名な数学手品を紹介する．誕生日を当てる話である．X さんの誕生日を言い当てるために，X さんに次のように言う．

> 「あなたの生まれた月を 25 倍し，20 を加えてください．次にその数を 4 倍し，21
> を加えてください．最後に生まれた日を加え，さらに 22 を加えてください．」

その結果どのような数になったのかを X さんに答えてもらい，それを聞いて X さんの誕生日を言い当てるのである．自分の誕生日で試してもらいたい．たとえば，8 月 9 日の人であれば，

$$8 \times 25 = 200 \longrightarrow 200 + 20 = 220 \longrightarrow 220 \times 4 + 21 = 901 \longrightarrow 901 + 9 + 22 = 932$$

となる．逆に，「932」から「8 月 9 日」を特定するにはどうすればよいのであろうか？ 月と日の2 つの未知数を当てないといけないのに，1 つの数からわかるのか？ と不安になるかもしれない．それがこの数当ての特徴である!).

では，誕生日を「a 月 b 日」として計算してみよう．その場合，

$$a \times 25 = 25a \longrightarrow 25a + 20 \longrightarrow \underbrace{(25a+20) \times 4 + 21}_{=100a+101} \longrightarrow \underbrace{100a + 101 + b + 22}_{=100a+b+123}$$

となる．つまり，「a 月 b 日」が誕生日である人は，「$100a + b + 123$」を答えることになるので，答えた数から 123 を引けば，「$100a + b$」が分かるのである．a は 1 から 12 までの数，b は 1 から 31 までの数であるので，b はこの下 2 桁からわかり，それ以外の部分から a がわかる．たとえば「932」と答えた人では，"$932 - 123 = 809$" であり，この下 2 桁から 9 日生まれ，百の位の部分から 8 月生まれとわかり，誕生日「8 月 9 日」を取り出すことができる．

また，たとえば「1354」と答えた人では，"$1354 - 123 = 1231$" であり，この下 2 桁から 31 日生まれ，百以上の位の部分から 12 月生まれとわかり，誕生日「12 月 31 日」を取り出すことができる．

$100 \, (= 25 \times 4)$ のおかげて a と b とが分離され，1 つの数から，a と b の 2 つの要素を取り出すことができているのである．

例25　箱に入った 100 個のビー玉がある．花さんと雪さんはじゃんけんで勝った方がこの箱からビー玉を取るゲームをした．グーで勝てば 2 個，チョキなら 3 個，パーなら 5 個取る．雪さんは，グー，チョキ，パーをこの順に繰り返し出し続けて，24 回のじゃんけんを行ったところ，あいこはなく 2 人とも同じ回数だけ勝ち，2 人の取ったビー玉の数の合計は67 個であった．花さんはグーとパーをそれぞれ何回出したであろうか？

雪は 24 回中，グー，チョキ，パーをそれぞれ 8 回ずつ出したが，そのうち，グーで勝った回数を a 回，チョキで勝った回数を b 回，パーで勝った回数を c 回とする．ここで，a, b, c は

$0, 1, 2, 3, 4, 5, 6, 7, 8$ のいずれかである．あいこはなかったことから，雪がグーで負けた，すなわち，花がパーで勝った回数は $(8-a)$ 回，雪がチョキで負けた，すなわち，花がグーで勝った回数は $(8-b)$ 回，雪がパーで負けた，すなわち，花がチョキで勝った回数は $(8-c)$ 回である．24 回のじゃんけんで，あいこはなく 2 人とも同じ回数だけ勝ったことから，雪と花は 12 回ずつ勝ったので，

$$a+b+c = 12 \qquad \cdots ①$$

である．また，雪の取ったビー玉の個数は

$$2a+3b+5c$$

個であり，花の取ったビー玉の個数は

$$2(8-b)+3(8-c)+5(8-a)$$

個であるから，その合計個数について，

$$2a+3b+5c+2(8-b)+3(8-c)+5(8-a) = 67$$

である．これは，

$$2a+3b+5c+16-2b+24-3c+40-5a = 67$$

と変形でき，

$$-3a+b+2c+80 = 67$$

より，

$$3a-b-2c = 13 \qquad \cdots ②$$

である．①と②から，c を消去すると，①×2＋② により，

$$5a+b = 37 \qquad \cdots ③$$

となる．① から $a+b$ は 0 以上 12 以下であることに注意すると，③を成立させるものは，

$$a = 7, \quad b = 2$$

であり，このとき，$c = 12-(7+2) = 3$ である．花がグーを出した回数が

$$c+(8-b) = 3+(8-2) = 9 \qquad \cdots (答$$

回であり，パーを出した回数が

$$b+(8-a) = 2+(8-7) = 3 \qquad \cdots (答$$

回である．

練習 25

(1) 2桁の整数がある．その数の 2 倍は，十の位の数と一の位の数の和の 5 倍に等しい．また，十の位の数と一の位の数を入れ替えると，もとの数より 36 大きくなるという．もとの 2 桁の整数はいくらか．

(2) 3桁の整数がある．いま，いちばん左にある数字をいちばん右に移すと，もとの数より 45 小さくなる．また，百の位の数の 9 倍は十の位と一の位の数字からなる 2 桁の数より 3 だけ小さい．さて，もとの 3 桁の整数はいくらであろうか．

(3) D さんと Y さんが会話している．

> D： 30 ～ 39 のうちから何でもいいから一つ数を選んでみて．声に出したらダメだよ．
>
> Y： 選んだよ．
>
> D： Y さんが何月生まれか知らないけど，それを当ててみよう．さきほど選んだ数の十の位の数と一の位の数を足して，さらに生まれた月を足してみて．
>
> Y： はい．足したよ．
>
> D： その数を最初に選んだ数から引いてみて．その値はいくらになる？
>
> Y： 23 になったよ．
>
> D： Y さんは 4 月生まれか．今月だね．お誕生日おめでとう．

D さんはどのようにして Y さんが 4 月生まれと知ることができたのか？必要に応じて数式を用いて説明せよ．

2.4.9　文章題への応用 (2)　割合・比の問題

例26　太郎さんと花子さんの所持金の比ははじめ $3:2$ であった．太郎さんが花子さんに 1000 円あげたので，2 人の所持金の比は $11:9$ になった．太郎さんと花子さんははじめに何円持っていたであろうか．

はじめに太郎さんは x 円，花子さんは y 円持っていたとする．そして，文章にある条件を x と y で書き換えていこう．まず，「太郎さんと花子さんの所持金の比ははじめ $3:2$ であった」ことから，

$$x:y = 3:2$$

であり，これは $\dfrac{x}{y} = \dfrac{3}{2}$，あるいは，分母を払った

$$2x = 3y \qquad \cdots ①$$

と書き換えられる．また，「太郎さんが花子さんに 1000 円あげたので，2 人の所持金の比は $11:9$ になった」ことから，

$$(x - 1000):(y + 1000) = 11:9$$

である．これは

$$9(x - 1000) = 11(y + 1000) \qquad \cdots ②$$

と書き換えられる．すると，未知数 x, y に対して，①かつ②を満たす x, y は連立方程式を解けばその正体がわかる．② は展開すると，

$$9x - 9000 = 11y + 11000$$

となり，

$$9x - 11y = 20000.$$

①により，$x = \dfrac{3}{2}y$ であり，これを代入して，

$$9 \cdot \frac{3}{2}y - 11y = 20000.$$

$$\frac{5}{2}y = 20000.$$

$$y = 8000.$$

したがって，$x = \dfrac{3}{2} \cdot 8000 = 12000$ とわかる．

これより，はじめに太郎さんは 12000 円，花子さんは 8000 円持っていたことになる．

問題を解くうえでは，以上でめでたく解決できたわけだが，ここで，文字の設定の仕方を工夫することを伝えておきたい．「太郎さんと花子さんの所持金の比ははじめ $3:2$ であった」ことら，はじめに太郎さんは $3t$ 円，花子さんは $2t$ 円持っていたとおくことができる．これは $3:2$ 反映させた文字設定の仕方であり，t という 1 文字だけで設定できていることに注目してもら

たい．すると，「太郎さんが花子さんに 1000 円あげたので，2 人の所持金の比は 11 : 9 になった」ことから，

$$(3t - 1000) : (2t + 1000) = 11 : 9$$

であるから，

$$9(3t - 1000) = 11(2t + 1000).$$

$$27t - 9000 = 22t + 11000.$$

$$5t = 20000.$$

$$t = 4000.$$

したがって，はじめに太郎さんは $3t = 12000$ 円，花子さんは $2t = 8000$ 円持っていたとわかる．このように比の情報を反映させた文字設定を行うことで，登場する文字を最初から減らすことができるのである．

練習 26

(1) 現在，父親の年齢は，子どもの年齢の 3 倍より 1 歳若く，今から 12 年後には，父親の年齢が子どもの年齢の 2 倍になるという．現在の父親の年齢と子どもの年齢を求めよ．

(2) 同じ大きさの 2 つの水槽 A，B にめだかを飼っている．B には A より 6 リットル少ない水が入っている．B の水の汚れが目立ってきたので，まず，B に入っている水の量の $\frac{4}{5}$ を捨て，次に A に入っている水の量の $\frac{1}{2}$ を取り出し，そのうちの $\frac{1}{2}$ を B に入れ，残りを捨てた．その後，両方の水槽に新たに合わせて 60 リットルの水を加えた．この結果，A，B とも最初の A の水の量と同じになった．最初の水槽 A，B の水の量はそれぞれ何リットルであったか求めよ．

2.4.10 文章題への応用 (3) 速さの問題

例27 周囲の長さが 5km の池がある．A，B の 2 人が同じ地点を同時に出発して同じ方向に進むと，A は B を 30 分後に 1 周差で追い越す．また，この 2 人が同じ地点を同時に出発して反対の方向に進むと，2 人は 15 分後に出会う．A，B はそれぞれ一定の速さで進むものとして，A の速さと，B の速さを求めてみよう．

A の速さを a (km/分)，B の速さを b (km/分) とする．「A，B の 2 人が同じ地点を同時に出発して同じ方向に進むと，A は B を 30 分後に 1 周差で追い越す」ことから，A の方が B より速く $(a > b)$，30 分で 2 人の進んだ距離の差が池 1 周分の長さであることから，

$$30a - 30b = 5 \qquad \cdots ①$$

である．また，「2 人が同じ地点を同時に出発して反対の方向に進むと，2 人は 15 分後に出会う」ことから，15 分で進む 2 人の距離の和が池 1 周分の長さであることから，

$$15a + 15b = 5 \qquad \cdots ②$$

である．①，②より，

$$30a - 30b = 15a + 15b.$$

$$2a - 2b = a + b.$$

$$a = 3b.$$

これを②(あるいは①) に代入して，

$$b = \frac{1}{12}.$$

ゆえに，$a = \frac{1}{4}$ とわかる．

A の速さは $\frac{1}{4}$ (km/分) と，B の速さは $\frac{1}{12}$ (km/分) である．

(参考) A の速さが $\frac{1}{4}$ (km/分) ということは，A は 1 分で $\frac{1}{4}$ km，つまり，250m 進む速さであるということなので，1 秒で $\frac{250}{60} = 4 + \frac{1}{6}$ m 進む速さである．

練習27

(1) ある一定の速さで走っている列車があり，この列車で 250m の鉄橋を渡り始めてから渡り終わるまでに 25 秒かかり，1070m のトンネルを通過するとき，完全にかくれていたのは 35 秒であった．この列車の速さは毎秒何 m か．さらに，列車の長さは何 m か．

(2) ある川に沿って，2 地点 A，B を往復している船があり，静水時での船の速さは一定であるものとする．通常は，上りに 1 時間 30 分，下りに 1 時間で運行している．あるとき，川が増水して，流れの速さが毎時 1km 増えたため，上りに 6 分余計にかかった．通常のときの川の流れの速さは，毎時何 km か．また，AB 間の距離は何 km か．

(3) 花子さんと太郎さんの家は一本道の道路沿いにあり，その間に公園がある．太郎さんと花子さんは公園で会う約束をして，太郎さんは毎分 70m の速さで，花子さんは毎分 60m の速さで，同時にそれぞれの家を出発すると，太郎さんは公園に着いてから花子さんが到着するまでに 3 分間待つことになる．ある日，太郎さんと花子さんは公園で会う約束をしたが，太郎さんは花子さんより 10 分遅れて家を出た．先に公園に着いた花子さんは 6 分間待っても太郎さんが来ないので家に帰ることにした．後から公園に着いた太郎さんは花子さんがそこにいないことに気付き，短気な花子さんが痺(しび)れをきらして家へ帰ったことを悟(さと)ってすぐに花子さんを追いかけたところ，太郎さんの家から 1120m の地点で花子さんに追いついた．2 人の移動の速さは常に一定であるものとして，花子さんの家と太郎さんの家は何 km 離(はな)れているか求めよ．

2.4.11　文章題への応用 (4)　食塩水の問題

例 28　　10 ％の食塩水と 5 ％の食塩水を混ぜ合わせて，7 ％の食塩水を 500g 作るには，それぞれ何 g 混ぜればよいだろうか．

10 ％の食塩水を x g，5 ％の食塩水を y g 混ぜるとする．食塩水の重さに注目すると，

$$x + y = 500 \qquad \cdots ①$$

であり，塩の重さに注目すると，

$$\frac{10}{100}x + \frac{5}{100}y = 500 \times \frac{7}{100} \qquad \cdots ②$$

である．この x と y についての連立方程式①かつ②を解こう！

②を整理すると，

$$\frac{1}{10}x + \frac{1}{20}y = 35. \qquad \cdots ②'$$

②$'$ を 20 倍して，

$$2x + y = 700. \qquad \cdots ②''$$

②$''$ － ① により，

$$x = 200.$$

よって，$y = 300.$
したがって，10 ％の食塩水を 200 g，5 ％の食塩水を 300 g 混ぜるとよい．

この問題は鶴亀算と同じ構造の問題である．どちらも

　　「未知数 x, y に対して，$x + y$ の値と $(ア)x + (イ)y$ の値から x と y を求める」問題

であり，鶴亀算では $(ア) = 2$，$(イ) = 4$ であり，この食塩水の問題では $(ア) = \dfrac{10}{100}$，$(イ) = \dfrac{5}{100}$ である．

練習 28

(1) 11 ％の食塩水と 8 ％の食塩水が合わせて 600g ある．いま，11 ％の食塩水から 50g の水分を蒸発させたものと，8 ％の食塩水に 80g の水を加えたものを混ぜ合わせたら 10 ％の食塩水ができた．もとの 11 ％の食塩水と 8 ％の食塩水はそれぞれ何 g あったか．

(2) A，B の 2 種類の食塩水がある．いま，A から 100g，B から 200g 取り出して混ぜると，10 ％の食塩水になった．また，A から 200g，B から 100g 取り出して混ぜると，12 ％の食塩水になった．A，B の濃度はそれぞれいくらか．

2.5　不等式

ここまでは主に等式を扱ってきた．ある数量とある数量が同じ値である状況を数式で表現したものが等式であった．ここでは，ある数量がある数量より大きな値であったり，あるいは，小さな値であったりする状況を数式で表現した不等式について解説する．等式の扱いに慣れていれば，ほとんど同じである．ただ一つ，「両辺に**負の数をかけたり**，両辺を**負の数で割ったり**するときには，不等号の**向きが逆転すること**」に注意すればよい！

2.5.1　不等式による表現

> **不等式による表現**
>
> 2 つの数や式の値 A, B に対して，次のような大小関係を表す記号を "不等号"といい，不等号を用いた関係式のことを**不等式**という．
>
> $$A > B \qquad\qquad\qquad \longleftarrow A は B より大きい$$
>
> $$A < B \qquad\qquad\qquad \longleftarrow A は B より小さい$$
>
> $$A \geqq B \qquad \longleftarrow A は B より小さくはない (大きいかまたは等しい)$$
>
> $$A \leqq B \qquad \longleftarrow A は B より大きくはない (小さいかまたは等しい)$$
>
> 不等号の左に書かれている A を「左辺」といい，不等号の右に書かれている B を「右辺」という．左辺 A と右辺 B をまとめて「両辺」という．

例 29 　「x km の道のりを時速 y km で行くと z 時間以上かかる」という状況を式で表すと，

$$\frac{x}{y} \geqq z$$

となる．

練習 29 　次の数量関係を不等式で表せ．

(1) 父は a 才，子どもは b 才で，父の年令は子どもの年令の 5 倍以下である．
(2) ある生徒の 5 教科のテストの得点は a 点，b 点，c 点，d 点，e 点であり，それらの平均は r 点未満である．
(3) x 円の a 割引きは，y 円の b ％よりも大きい．
(4) 時速 a km で b 時間進んでも，まだ c m も行っていない．
(5) 1 個 x g の石鹸 17 個を y g の箱に入れると，全体の重さは 1 kg を超える．

2.5.2 不等式の性質

> ─ 不等式の性質 ─
>
> A, B, C, D は数や文字式とする. 次の (1)～(9) が成り立つ.
>
> (1) $A > B$ であり $B > C$ のとき, $A > C$ である.
>
> (2) $A > B$ のとき, $A + C > B + C$, $A - C > B - C$ である.
>
> (3) $A > B$, $C > 0$ のとき, $AC > BC$, $\dfrac{A}{C} > \dfrac{B}{C}$ である.
>
> (4) $A > B$, $C < 0$ のとき, $AC < BC$, $\dfrac{A}{C} < \dfrac{B}{C}$ である.
>
> (5) $A > B$, $C > D$ のとき, $A + C > B + D$ である.
>
> (6) $A > B$, $C > D$ のとき, $A - D > B - C$ である.
>
> (7) $A > B > 0$, $C > D > 0$ のとき, $AC > BD$ である.
>
> (8) $A > B > 0$ のとき, $\dfrac{1}{A} < \dfrac{1}{B}$ である.
>
> (9) $A > B > 0$, $C > D > 0$ のとき, $\dfrac{A}{D} > \dfrac{B}{C}$ である.

これらの性質から, 等式と同様に "移項" などもできることがわかる.

両辺に**負の数をかけ**たり, 両辺を**負の数で割っ**たりするときには, 不等号の**向きが逆転する**ことに注意!!

例30 $x > y$ のとき, 次の □ に当てはまる不等号を入れてみよう.

(1) $y - 3$ □ $x - 3$.

(2) $\dfrac{2 - 4x}{-3}$ □ $\dfrac{2 - 4y}{-3}$.

(1) $x > y$ から 3 ずつ引いても大小関係は変わらず,

$$x - 3 > y - 3$$

である. これと同じ意味を表す式は,

$$y - 3 \boxed{<} x - 3$$

となる.

(2) $x > y$ に負の数 (-4) をかけると大小関係が逆転し, $-4x < -4y$ となる. これに 2 ずつ加えても大小関係は変わらず, $2 - 4x < 2 - 4y$ であり, 負の数 (-3) で割ると大小関係が逆転し,

$$\frac{2 - 4x}{-3} \boxed{>} \frac{2 - 4y}{-3}$$

となる.

練習30 $x < y$ のとき, 次の 2 数ではどちらが大きいか. 不等号を用いて表せ.

(1) $5 - \dfrac{x}{3}$, $5 - \dfrac{y}{3}$.

(2) $\dfrac{x-5}{3}$, $\dfrac{y-2}{3}$.

(3) $2 + \dfrac{2x-5}{-7}$, $\dfrac{2y-3}{-7} + 2$.

2.5.3　不等式の解法

たとえば，不等式

$$\frac{1-x}{2} - 1 > 3 - \frac{4}{3}x$$

が正しい式となる (“成り立つ” という) ような x の値はいくらであろうか？．不等式を成り立たせる未知数 x の値のことを不等式の解といい，不等式の解をすべて求めることを “不等式を解く” という．

試しに，この式の左辺に $x = 9$ を代入すると，

$$\frac{1-9}{2} - 1 = \frac{-8}{2} - 1 = -4 - 1 = -5$$

となる一方で，右辺に $x = 9$ を代入すると，

$$3 - \frac{4}{3} \times 9 = 3 - 4 \times 3 = 3 - 12 = -9$$

となり $-5 > -9$ であるから，x の値が 9 のとき，不等式が成り立つので，$x = 9$ は解であるとわかる．では，他に解はないのだろうか？試しに，この式の左辺に $x = 15$ を代入すると，

$$\frac{1-15}{2} - 1 = \frac{-14}{2} - 1 = -7 - 1 = -8$$

となる一方で，右辺に $x = 15$ を代入すると，

$$3 - \frac{4}{3} \times 15 = 3 - 4 \times 5 = 3 - 20 = -17$$

となり $-8 > -17$ であるから，$x = 15$ も解であるとわかる．

どうも解はいくつかありそうだ．一般に，不等式の解は 1 つの数ではなく，ある “範囲” で指定して記述する必要がある．不等式の性質を活用して，式変形することでそのような解 x の範囲を求めることができる．

実際，不等式 $\dfrac{1-x}{2} - 1 > 3 - \dfrac{4}{3}x$ を解いてみよう．

まず，両辺に 6 をかける．6 は正の数であるから，不等号の向きは変わらない．

$$6\left(\frac{1-x}{2} - 1\right) > 6\left(3 - \frac{4}{3}x\right).$$

整理すると，

$$3(1-x) - 6 > 18 - 8x$$

となり，さらに，

$$3 - 3x - 6 > 18 - 8x$$

により，

$$5x > 21$$

となる．この両辺を 5 で割る．5 は正の数であるから，不等号の向きは変わらず，

$$x > \frac{21}{5}$$

となる．

　結局，$\dfrac{1-x}{2} - 1 > 3 - \dfrac{4}{3}x$ は $x > \dfrac{21}{5}$ と変形できることから，解は "$\dfrac{21}{5}$ より大きな数すべて" ということになる．このことを，不等式 $\dfrac{1-x}{2} - 1 > 3 - \dfrac{4}{3}x$ の解は $x > \dfrac{21}{5}$ であると表す．

例 31　$\dfrac{1-4x}{3} - \dfrac{2-3x}{4} > -\dfrac{8}{3}$ を解いてみよう．

　式変形では同値の記号 ($\Longleftrightarrow$) を用いることにする．この記号は，

$$(x \text{ の式その 1}) \Longleftrightarrow (x \text{ の式その 2})$$

のように，式と式の関係性を述べるためのもので，「式その 1 を満たす x」と「式その 2 を満たす x」は全く同じものであり，「式その 1 を満たす x」を求める問題は「式その 2 を満たす x」を求める問題に言い換えられることを主張するものである．どんどん問題を簡単になるように言い換えていくのである．

$$
\begin{aligned}
& \frac{1-4x}{3} - \frac{2-3x}{4} > -\frac{8}{3} \\
\Longleftrightarrow\ & 12\left(\frac{1-4x}{3} - \frac{2-3x}{4}\right) > 12 \times \left(-\frac{8}{3}\right) \\
\Longleftrightarrow\ & 4(1-4x) - 3(2-3x) > -32 \\
\Longleftrightarrow\ & 4 - 16x - 6 + 9x > -32 \\
\Longleftrightarrow\ & -7x > -30 \\
\Longleftrightarrow\ & x < \frac{30}{7}.
\end{aligned}
$$

練習 31　次の不等式を解け．

(1) $\dfrac{1}{2} - 3\left\{\dfrac{x}{2} - \left(1 - \dfrac{x}{5}\right)\right\} < \dfrac{3}{2} - \dfrac{x}{10}$.

(2) $\dfrac{3-4x}{2} - \dfrac{x}{6} \geqq \dfrac{3x-5}{4} + \dfrac{9}{2}$.

(3) $0.7 + 0.9(x - 0.2) > 0.36 + \dfrac{x}{2}$.

2.5.4 不等式の文章題への応用

文字式によって，数量関係を表した結果，等式や不等式が得られる．所望の未知数の値は方程式や不等式を解けば，機械的に求めることができる．これが代数の威力である．ここでは，不等式が登場する文章題を扱う．

例32 ある劇場の入場料は，1 人 1000 円であるが，20 人以上 35 人未満の団体に対しては 2 割引きになり，35 人以上の団体に対しては 3 割引きになるという．20 人以上 35 人未満の団体で 35 人として入場料を払った方が得になるのは，どのような場合であろうか？

制度上，

$$20 \text{ 人以上 } 35 \text{ 人未満の場合} \implies \text{ひとりあたり } 800 \text{ 円}$$

$$35 \text{ 人以上の場合} \implies \text{ひとりあたり } 700 \text{ 円}$$

で入場することになる．

いま，2 つの団体 A と B が劇場にやってきたとしよう．A は 34 人，B は 35 人だとする．B の方が人数が多いので，一見，B の方が支払額が多そうだが，そうではない．

$$\text{団体 A の支払い合計は，} 800 \times 34 = 27200 \text{ (円)}$$

であるのに対し，

$$\text{団体 B の支払い合計は，} 700 \times 35 = 24500 \text{ (円)}$$

ということになり，団体 B の方が支払い合計額は少ない (団体 A は悔しい思いをすることになる)．

いま考えたい問題は，団体 A のように，団体 B よりも支払い合計額が多くなってしまう 20 人以上 35 人未満の団体がどのようなものかということである (33 人の団体も悔しい思いをすることになろう)．

x を 20 以上 35 未満の自然数として，x 人の団体が悔しい思いをする条件は，

$$800x > 700 \times 35$$

である．これを満たす x は

$$x > \frac{700 \times 35}{800} \quad \text{つまり} \quad x > \frac{245}{8} = 30 + \frac{5}{8}$$

であるから，$x = 31, 32, 33, 34$ の場合に悔しい思いをすることになる．

したがって，人数が 31 人，32 人，33 人，34 人の場合には，35 名として支払った方が得になる．

練習32 あるポスターを印刷するのに，50 枚以下は何枚でもその分の印刷に 8000 円かかり，50 枚を超えた分については，1 枚につき 90 円かかる．1 枚あたりの印刷代を 120 円以下とするには，最低で何枚注文すればよいか？

第 3 章

代数の応用

　2 章での代数の準備が整ったところで，実際の中学入試算数の問題を解いてみよう．中学入試算数の問題には，鶴亀算，ニュートン算，差集め算など「〜〜 算」という名称がついた "特殊算"と呼ばれるものが頻繁に出題される．この章では，特殊算のタイプごとに扱っていきたい．

3.1　和差算に挑む

　和 (足した値) や差 (引いた値) の情報をもとに考察するのが和差算である．線分図 (数量の大きさを線の長さで表現した図) などで問題の状況を整理するなどの工夫は，問題文を正しく読み取る上で有効なテクニックであり，算数であろうと数学であろうと正しい読み取りは重要である．2 つの量のうち，どちらが大きい? あるいは 小さい? ということは間違えずに捉えよう．このことは，方程式を立式する場合に「正しく立式ができるか? 」ということに直接関係してくる．

> 例題 1　ひろし君の身長はお姉さんの身長より 7cm 低く，弟より 18cm 高い．3 人の身長の和が 445cm のとき，ひろし君の身長は何 cm か． 【近畿大附属和歌山中】

> 解答例　ひろし君の身長を x (cm) とすると，お姉さんの身長は $x+7$ (cm), 弟の身長は $x-18$ (cm) と表される．3 人の身長の和が 445cm であることから，

$$x+(x+7)+(x-18) = 445$$

である．これより，

$$3x - 11 = 445$$

であり，

$$3x = 456$$

であるから，

$$x = \frac{456}{3} = 152 \ (\text{cm}) \qquad \cdots (答$$

である．

例題2　碁石の黒石 70 個と白石 30 個がある．これを混ぜて 2 つの箱に分けたら，1 つの箱の黒石の数がもう一つの箱の白石の数より 12 個多くなっていた．2 つの箱のうち入っている碁石の数が多い方の箱に入っている碁石の個数を求めよ．　　　　【青山学院中】

解答例　2 つの箱を箱 A，箱 B と名付け，箱 A の黒石の数が箱 B の白石の数より 12 個多いとする．箱 B の白石の数を x とおくと，それぞれの箱の中の黒石の数，白石の数は次の表のように表せる．

	箱A	箱B	計
黒石	$x+12$	$58-x$	70
白石	$30-x$	x	30

これより，箱 A の中の碁石の個数は

$$(x+12)+(30-x)=42$$

であり，箱 B の中の碁石の個数は

$$(58-x)+x=58$$

であることがわかるので，2 つの箱のうち入っている碁石の数が多い方の箱に入っている碁石の個数は

$$58 \qquad\qquad \cdots(答)$$

である．

(注意)　x は求まらないが，箱 A の中の碁石の個数 $(x+12)+(30-x)=42$ や箱 B の中の碁石の個数 $(58-x)+x=58$ は求まる．

類題1　A 君，B 君の 2 人がいくらかのお金を持っている．A 君が 150 円のノートを 2 冊買い，B 君に 250 円あげた場合は，2 人の持っているお金は等しくなる．また，B 君が 150 円のノートを 1 冊買った場合は，A 君の持っているお金が B 君の持っているお金のちょうど 2 倍になる．A 君，B 君は最初にお金をいくら持っていたか．　　　　【高田中】

類題2　A 君，B 君，C 君の 3 人が一緒に買い物に出かけた．はじめ，B 君の所持金は A 君の所持金の 2 倍より 200 円多く，C 君の所持金は B 君の所持金より 600 円多かった．B 君は A 君の 2 倍だけ使い，C 君は B 君の 3 倍だけ使った．残金は，B 君は 800 円，C 君は A 君の 2 倍となった．

(1) A 君の残金を求めよ．

(2) A 君が使った金額を求めよ．

(3) はじめの B 君の所持金を求めよ．　　　　【大阪明星中】

3.2　鶴亀算に挑む

　第 1 章でも詳しく扱った鶴亀算である．「鶴」と「亀」がいつもでてくるわけではない．しかし，未知数を設定し，方程式を立式すると，鶴亀算のような連立方程式に帰着される問題はまとめて "鶴亀算" と呼ばれている．文章からの素直な立式で解決することが多いため，未知数の設定が自分でできるようになることを目標としよう．

例題 1　1 個 180 円のりんごと，1 個 120 円のかきを合わせて 20 個買ってお店を出ました．すると，あとからお店の人が追いかけてきて，「りんごとかきの値段を逆に計算してしまいました」と言い，480 円返してくれた．買ったりんごは何個か．　【東洋英和中】

解答例　買ったりんごの個数を x，買ったかきの個数を y とすると，

$$x + y = 20 \qquad \cdots ①$$

である．また，

$$(\text{正しい支払い合計金額}) = 180x + 120y\,(\text{円})$$

であるのに対し，

$$\underbrace{(\text{誤った支払い合計金額})}_{\text{実際の店内での支払い金額}} = 120x + 180y\,(\text{円})$$

であり，その差額 480 円をお店の人が返してくれたことから，

$$(\text{誤った支払い合計金額}) - (\text{正しい支払い合計金額}) = 480$$

である．これより，

$$(120x + 180y) - (180x + 120y) = 480$$

つまり

$$-60x + 60y = 480 \qquad \cdots ②$$

　①，② の x と y に関する連立方程式を解けばよく，② ÷ 60 により，

$$-x + y = 8 \qquad \cdots ③$$

であるから，$\dfrac{① + ③}{2}$ により，

$$y = 14$$

とわかり，これと①から，

$$x = 6$$

とわかる．以上により，買ったりんごは

$$6 \qquad \cdots (\text{答}$$

個である．

例題2　3人がけ，4人がけ，5人がけのベンチがあわせて26個ある．これらのベンチ全部にかけると102人がかけられる．次に，4人がけのベンチには3人ずつ，5人がけのベンチには4人ずつかけ，3人がけのベンチには3人ずつかけるようにすると，全部で87人がかけられる．4人がけのベンチは何個あるか．　　　　　　　　　　【久留米大付設中】

解答例　3人がけのベンチが x 個，4人がけのベンチが y 個，5人がけのベンチが z 個あるとする．

「3人がけ，4人がけ，5人がけのベンチがあわせて26個ある」ことから，

$$x+y+z=26 \qquad \cdots ①$$

である．また，「これらのベンチ全部にかけると102人がかけられる」ことから，

$$3x+4y+5z=102 \qquad \cdots ②$$

であり，さらに，「4人がけのベンチには3人ずつ，5人がけのベンチには4人ずつかけ，3人がけのベンチには3人ずつかけるようにすると，全部で87人がかけられる」ことから，

$$3y+4z+3x=87 \qquad \cdots ③$$

である．これら①，②，③の x, y, z に関する連立方程式を解こう．

②－③により，

$$y+z=15 \qquad \cdots ④$$

が得られ，これと①により，

$$x=11$$

とわかる．$x=11$ と③により，

$$3y+4z=54 \qquad \cdots ⑤$$

であり，⑤－④×3により，

$$z=54-15\times3=9$$

とわかり，④×4－⑤により，

$$y=15\times4-54=6$$

とわかる．以上から，4人がけのベンチの個数 y は

$$6\,(個) \qquad \cdots (答)$$

である．

類題1　　20g, 15g, 10g の 3 種類のおもりが全部で 34 個ある．これらの重さの合計は 500g で，15g と 10g のおもりは同じ個数ある．20g のおもりは何個あるか．　　【早稲田実業中】

類題2　　クラスの生徒 40 人に，冬休みの思い出を 1 行か 2 行か 3 行の短い文で原稿用紙に書いてもらった．1 行の文を書いた人は，3 行の文を書いた人の 3 倍の人数であった．すべての文を原稿用紙にまとめるとき，ひとりひとりの文の間を 1 行あけると，全部で 107 行になった．1 行の文を書いた人と，2 行の文を書いた人はそれぞれ何人か．　　【奈良学園中】

鶴亀算の歴史　　『孫子算経』という 400 年ごろに中国で書かれた書物がある．そこには次の文章が掲載されている．

> 今有雉兎同籠，上有三十五頭，下有九十四足，問雉兎各幾何．答曰，雉二十三，兎十二．

これを日本語にすると，

> 雉と兎が同じ籠に入っている．上を見ると頭が 35 個，下を見ると足が 94 本あった．雉と兎はそれぞれいくらいるか．答 雉は 23，兎は 12.

となる．これが最初の "鶴亀算" と言われている．登場しているのは「鶴」，「亀」ではなく，「雉」，「兎」である．本当に「鶴」，「亀」が登場する最初のものは，江戸時代に坂部広胖という人が書いた『算法店鼠指南録』という本にある次の問題である．

> 鶴と亀がいくらかいる．頭数は合計 100 頭で，足の数は合計 272 本であった．鶴は何羽で，亀は何匹か．

$$\begin{cases} x+y=100, \\ 2x+4y=272 \end{cases}$$　を解いて，答は 鶴 $x=64$(羽)，亀 $y=36$(匹) である．

3.3　年令算に挑む

　年令に関する文章題で，「1 年に 1 つずつ年をとっていくこと」という当たり前のことに注目する問題を "年令算" という．問題文に書かれている条件を式に置き換えていけば，自然に解ける．

> 例題 1　現在，父親の年令は子どもの年令の 7 倍であり，5 年後には 4 倍になるという．父親の現在の年令を求めよ．　　　　　　　　　　　　　　　　　　　　　　　　　　【森村学園中】

解答例　現在の父親の年令を x 才，子どもの年令を y 才とすると，

$$x = 7y \qquad \cdots ①$$

である．また，5 年後には父親の年令は子どもの年令の 4 倍になることから，

$$x + 5 = 4(y + 5) \qquad \cdots ②$$

である．①，②から x を消去すると

$$7y + 5 = 4(y + 5)$$

が得られ，

$$7y + 5 = 4y + 20$$

より，

$$3y = 15$$

であるから，

$$y = 5$$

とわかる．すると，現在の父親の年令は

$$x = 7y = 7 \times 5 = 35 \, (才). \qquad \cdots (答)$$

(注意)　現在，父親は 35 才であり，子どもは 5 才であり，確かに父親の年令は子どもの年令の 7 倍になっており，5 年後には父親は 40 才，子どもは 10 才になり，確かに 4 倍になる．

> 例題 2　現在，私と弟の年令の和は 32 才であり，私が今の弟の年令だったとき，弟は 7 才であった．現在の私の年令を求めよ．　　　　　　　　　　　　　　　　　　　　　【芝中】

解答例

現在の私の年令を x 才，弟の年令を y 才とすると，現在，私と弟の年令の和は 32 才であることから，

$$x + y = 32 \qquad \cdots ①$$

である．私が今の弟の年令だったのは，$x-y$ 年前であり，このとき，弟は 7 才であったことから，

$$y-(x-y)=7 \qquad \cdots ②$$

である．② は

$$-x+2y=7 \qquad \cdots ②'$$

と変形でき，① $\times 2 -$ ②$'$ により，y を消去すると

$$3x=57$$

より，

$$x=19\,(才). \qquad \cdots (答)$$

(注意)　ちなみに，$y=13$ である．

> ⎹ 類題 1 ⎸　今，太郎の年令は花子の年令の 2 倍であり，20 年後には太郎は花子の年令の 1.2 倍になる．太郎の今の年令を求めよ．　　　　　　　　　　【香蘭女学校中】

> ⎹ 類題 2 ⎸　現在，長女，次女，三女の年令の比は 4 : 3 : 1 で，この 3 人の年令の和を 2 倍すると母親の年令になる．8 年後には，3 姉妹の年令の和がちょうど母親の年令と同じになる．現在の長女の年令を求めよ．　　　　　　　　　　【江戸川女子中】

> ⎹ 類題 3 ⎸　両親と息子 3 人の 5 人家族の年令の和は現在 124 才である．それぞれの年令の関係は，長男は母の 3 分の 1，次男は父の 5 分の 1，三男は長男よりも 6 つ，次男より 2 つ年下である．
> (1) 父の現在の年令を求めよ．
> (2) 両親の年令の和が 3 兄弟の年令の和の 2 倍になるのは何年後か．　　　【青雲中】

> ⎹ 類題 4 ⎸　父，母，長男，次男の 4 人家族がいます．現在，母の年齢は長男の年齢の 2 倍である．また，現在の家族全員の年齢の和は，19 年後の母と長男と次男の年齢の和に等しい．6 年前は，父の年齢は長男と次男の年齢の和の 1.5 倍であった．母が現在の父の年齢になったとき，家族全員の和は 181 才になる．ただし，母は父より若いものとする．
> (1) 現在の父の年齢を求めよ．
> (2) 現在の長男と次男の年齢の和を求めよ．
> (3) 現在の次男の年齢を求めよ．　　　　　　　　　　【愛光中】

3.4　過不足算・差集め算に挑む

　ものの過不足に関する文章題を「過不足算」といい，「1 個 1 個の差をすべて集めると全体の差になる」ことに着目する文章題を「差集め算」という．しかし，未知数などを文字でおき，文章を式に置き換えていけば，自然に方程式が立式でき，それを機械的に解けば過不足算も差集め算も解決する．未知数の設定が自分でできるようになることを目標としよう．

> ⏐ 例題 1 ⏐　鉛筆とノートを子どもたちに配る．鉛筆の本数はノートの冊数の 3 倍である．鉛筆を 5 本ずつ，ノートを 2 冊ずつ配ると，鉛筆は 5 本余り，ノートは 2 冊足りなくなる．子どもの人数を求めよ．　　　　　　　　　　　　　　　　　　　　　　【筑紫女学園中】

⏐ 解答例 ⏐　ノートの冊数を x 冊，子どもの人数を y とする．「鉛筆の本数はノートの冊数の 3 倍である」ことから，鉛筆の本数は $3x$ (本) である．また，y 人に鉛筆を 5 本ずつ配るには鉛筆は $3x - 5$ 本必要になることから，

$$3x - 5 = 5y \qquad\qquad \cdots ①$$

であり，y 人にノートを 2 冊ずつ配るには $x + 2$ 冊必要になることから，

$$x + 2 = 2y \qquad\qquad \cdots ②$$

である．① $\times 2 - ② \times 5$ により，

$$2(3x - 5) - 5(x + 2) = 0$$

つまり

$$6x - 10 - 5x - 10 = 0$$

を得る．これより，

$$x - 20 = 0$$

つまり

$$x = 20$$

とわかる．よって，子どもの人数 y は，① あるいは ② により，

$$y = 11 \text{ (人)} \qquad\qquad \cdots (答)$$

である．

例題2　クラス会をするのに，1人500円ずつ集めると500円余る予定でいたが，当日，5人の欠席者があったために，1人550円にして集めても100円足らなかった．当日の出席者は何人か．　　　　　　　　　　　　　　　　　　　　　　　　　　　　【聖母学院中】

解答例　予定での参加人数を x 人とし，予算を y 円とすると，

$$500x = y + 500 \qquad \cdots ①$$

であり，

$$550(x-5) = y - 100 \qquad \cdots ②$$

である．① $-$ ② により，

$$500x - 550(x-5) = (y+500) - (y-100)$$

つまり

$$500x - 550x + 550 \times 5 = 500 + 100$$

を得る．これより，

$$-50x = 500 + 100 - 550 \times 5$$

であるから，両辺を -50 で割って，

$$x = 11 \times 5 - 10 - 2$$

より，

$$x = 43$$

とわかる．したがって，当日の出席者は

$$x - 5 = 43 - 5 = 38 \qquad \cdots (答)$$

人である．

類題1　ある旅館に団体で泊まるのに，1部屋3人ずつにしたら24人が部屋に入れない．そこで，1部屋4人ずつにしたら，ちょうど4人ずつで泊まることができ，部屋が5つ余った．旅館の部屋の数と団体の人数を求めよ．　　　　　　　　　　　　　　【岡山白陵中】

類題2　太郎と次郎が歩いて廊下の長さを測ろうとしたところ，太郎は51歩歩くと残りが31 cm となり，次郎は58歩歩くと残りが42 cm となった．太郎と次郎の歩幅は一定で，歩幅の差が9 cm である．この廊下の長さは何 m か求めよ．　　　　　　　　　　【洛南中】

3.5　平均算に挑む

平均に関する問題が "平均算" である．$(平均) = \dfrac{合計}{個数}$ であることを用いる．代数に頼れば難しいことは何もない．

例題 1　浩一くんは，算数，国語，社会，理科のテストを受けた．算数，国語，社会の平均点が 75 点，国語，社会，理科の平均点が 69 点，算数と理科の平均点が 77 点であった．算数の得点を求めよ． 【世田谷学園中】

解答例　算数の点数を a，国語の点数を b，社会の点数を c，理科の点数を d とする．算数，国語，社会の平均点が 75 点であることから，

$$\frac{a+b+c}{3} = 75 \qquad \cdots ①$$

であり，国語，社会，理科の平均点が 69 点であることから，

$$\frac{b+c+d}{3} = 69 \qquad \cdots ②$$

であり，算数と理科の平均点が 77 点であることから，

$$\frac{a+d}{2} = 77 \qquad \cdots ③$$

である．ここで，①×3，②×3，③×2 をそれぞれ ①′，②′，③′ とすると，

$$\begin{cases} a+b+c = 225, & \cdots ①' \\ b+c+d = 207, & \cdots ②' \\ a+d = 154 & \cdots ③' \end{cases}$$

である．①′−②′ により ($b+c$ がかたまりで消去され)，

$$a-d = 18 \qquad \cdots ④$$

が得られる．これと ③′ から，

$$a = \frac{154+18}{2} = 86$$

とわかる．よって，算数の得点 a は

$$86 \,(点) \qquad \cdots (答)$$

である．

(注意)　①′，②′，③′ を

$$\begin{cases} a+b+c = 225, & \cdots ①' \\ b+c+d = 207, & \cdots ②' \\ a +d = 154 & \cdots ③' \end{cases}$$

と見やすく書くと，連立方程式を解くときの方針も浮かびやすくなるであろう．このような**書き方の工夫**も参考にしてもらいたい．

例題 2　400 打数の打率が 2 割 9 分 5 厘である打者は，残り 100 打数の打率がいくら以上であれば，500 打数で 3 割以上の打率を残すことができるか．　　　　【同志社香里中】

解答例　400 打数の打率が 2 割 9 分 5 厘である打者のヒット数は

$$400 \times (2 \text{割} 9 \text{分} 5 \text{厘}) = 400 \times 0.295 = 4 \times 29.5 = 2 \times 59 = 118$$

である．あと 100 打席のうち，x 打席でヒットを打つと，500 打席トータルでの打率は

$$\frac{118 + x}{500}$$

であり，これが 3 割以上となる条件は

$$\frac{118 + x}{500} \geqq 0.3$$

より，

$$118 + x \geqq \underbrace{500 \times 0.3}_{150}$$

であるから，

$$x \geqq 32$$

である．したがって，500 打数で 3 割以上の打率とする条件は，残り 100 打数の打率が

$$3 \text{割} 2 \text{分以上}$$

であることである．

　なお，上の解答例では不等式として処理したが，ちょうど打率が 3 割になるようなヒット数 x を考え，それ以上の本数であれば条件を満たすことから，等式での議論によって計算してもよい．

(注意)　2 割 9 分 5 厘とは 0.295 のことであり，400 打数の打率が 2 割 9 分 5 厘であるとは，400 回のうち，ヒットが

$$400 \times 0.295 = 200 \times 0.59 = 2 \times 59 = 118$$

本あったことを意味する．また，「500 打数で 3 割以上の打率を**残す**」とは「500 打数の打率成績が 3 割以上となる」という意味である．

類題 1　　A 君の算数のテストの何回かの平均点は 79 点であった．次のテストで 94 点をとったので，平均点は 80 点になった．A 君の受けた算数のテストの回数は全部で何回になったか．　　　　　　　　　　　　　　　　　　　　　　　　　　　　　　　　　　　　　【世田谷学園中】

類題 2　　算数のテストを 10 回受けた．9 回目のテストでは 72 点，10 回目のテストでは 65 点だった．10 回全部の平均点が 1 回目から 8 回目の平均点より 0.5 点低いとき，10 回のテスト全部の平均点は何点か．　　　　　　　　　　　　　　　　　　　　　　　　　　　【松蔭中】

3.6 仕事算に挑む

"ある仕事" を一定のペースで行ったり，変則的なペースで行ったりするとき，どれだけの日数がかかるかということに関する問題が "仕事算" である．比に関わる設問も多いので，文字式の総合的な扱いが要求される．

例題 1 ある仕事を終わらせるのに，兄だけでは 16 日，姉だけでは 48 日，妹だけでは 60 日かかる．この仕事を兄，姉，妹の 3 人ではじめから行うと，終わらせるのに何日かかるか．

【青稜中】

解答例 仕事の総量を $240w$ とおくと，

$$兄の 1 日の仕事量は \frac{240w}{16} = 15w,$$

$$姉の 1 日の仕事量は \frac{240w}{48} = 5w,$$

$$妹の 1 日の仕事量は \frac{240w}{60} = 4w$$

と表せる．すると，兄，姉，妹の 3 人あわせた 1 日の仕事量は

$$15w + 5w + 4w = 24w$$

であるから，3 人で仕事をしたときには終わるまでに，

$$\frac{240w}{24w} = 10 \,(日) \qquad\qquad \cdots (答)$$

かかる．

(注意) $16 = 2^4, 48 = 2^4 \times 3, 60 = 2^2 \times 3 \times 5$ であり，$16, 48, 60$ の最小公倍数は $2^4 \times 3 \times 5 = 240$ であることから，仕事の総量を $240w$ とおいた．このことによって，分数を用いずに済ませた．もちろん，全体の仕事量を単に W としても求めることはできる．しかし，やや煩雑な分数計算をすることになる．参考までに以下にその解答を記載しておく．仕事の総量を W とおくと，

$$兄の 1 日の仕事量は \frac{W}{16},$$

$$姉の 1 日の仕事量は \frac{W}{48},$$

$$妹の 1 日の仕事量は \frac{W}{60}$$

と表せる．すると，兄，姉，妹の 3 人あわせた 1 日の仕事量は

$$\frac{W}{16} + \frac{W}{48} + \frac{W}{60} = \left(\frac{1}{16} + \frac{1}{48} + \frac{1}{60}\right) = \frac{15 + 5 + 4}{240}W = \frac{1}{10}W$$

であるから，3 人で仕事をしたときには終わるまでに，

$$\frac{W}{\frac{1}{10}W} = 10\,(日) \qquad\qquad \cdots(答)$$

かかる．

例題 2　　ある仕事を A 君 1 人ですると 30 日かかり，A 君と B 君の 2 人ですると 18 日かかる．

(1) この仕事を B 君 1 人ですると何日かかるか．

(2) 最初の 15 日は B 君がこの仕事をして，残りを A 君がするとき，A 君は何日仕事をすることになるか．　　　　　　　　　　　　　　　　　　【三田学園中】

解答例　　仕事の量を W，A 君の 1 日の仕事量を a，B 君の 1 日の仕事量を b とすると，

$$W = 30a \qquad\qquad \cdots①$$

であり，

$$W = 18(a+b) \qquad\qquad \cdots②$$

でもある．①，②により，

$$30a = 18(a+b)$$

である．この両辺を 6 で割って，

$$5a = 3(a+b)$$

つまり

$$5a = 3a + 3b$$

より，

$$2a = 3b$$

を得る．これより，$a = \dfrac{3}{2}b$ である．

(1) ①と $a = \dfrac{3}{2}b$ より，

$$W = 30 \times \frac{3}{2}b = 45b$$

であるから，この仕事を B 君 1 人ですると 45 日かかる．　　　　　　　$\cdots$ (答)

(2) 最初の 15 日に B 君がした仕事の量は $15b$，つまり，$10a$ であり，残りの仕事の量は $W - 10a = 30a - 10a = 20a$ であるから，A 君は 20 日仕事をすることになる．　　$\cdots$ (答)

類題 1　6 人である仕事をしたらちょうど 30 日で終わる予定であったが，15 日目からは 8 人で仕事をすることになった．予定より何日早く仕事が終わるか．　　　　　【滝川中】

類題 2　ある仕事をするのに，大人 1 人と子ども 1 人でするとちょうど 24 日かかり，大人 2 人と子ども 3 人でするとちょうど 10 日かかる．
(1) この仕事を大人 2 人と子ども 2 人ですると何日かかるか．
(2) この仕事を子ども 2 人ですると何日かかるか．　　　　　　　　　　【清風南海中】

3.7 ニュートン算に挑む

　"ニュートン算" は仕事算において，"邪魔（じゃま）" が入るような問題である．未知数を設定し，文章から方程式の立式ができれば，他の特殊算と解き方は変わらない．「お風呂にお湯を溜（た）めたいのに，なぜか風呂からお湯が少しずつ漏れる」(これは，ジョン・フォード監督の映画『わが谷は緑なりき』のワンシーンでも出てきた気がする) といった問題や，「牛を牧草地に放し，草を食べ尽くさせようとするが，草も少しずつ新たに生えてくる」といった仕事の遂行（すいこう）を阻害（そがい）する構造の仕事算がニュートン算である．この牛に草を食べさせる問題が偉大な科学者ニュートンの『普遍算術 (Arithmetica universalis)』(1707) に出てくることが "ニュートン算" という名称の由来である．ニュートンが『普遍算術 (Arithmetica universalis)』で扱った問題の解答に興味のある人は，H. デリー著，根上生也訳『数学 100 の勝利 Vol. 1 数と関数の問題』(丸善出版) を参照するとよい．

例題 1　　ある工場には製品を作るために何個分かの材料がある．そして毎日決まった個数分の材料が運ばれてくる．20 人の作業員がこれを使って製品を毎日作ると 8 日で材料がなくなる．また，作業員を 25 人にすると 6 日で材料がなくなる．作業員を 29 人にすると，材料は何日でなくなるか．　　　　　　　　　　　　　　　　　　　　【関西学院中】

解答例　　あらかじめある材料を A 個とし，各日に運ばれてくる材料が B 個であるとする．また，1 人の作業員が 1 日で使う材料を C 個とする．
　「20 人の作業員がこれを使って製品を毎日作ると 8 日で材料がなくなる」ことから，

$$A + 8B = 20C \times 8 \qquad \cdots ①$$

であり，「25 人の作業員がこれを使って製品を毎日作ると 6 日で材料がなくなる」ことから，

$$A + 6B = 25C \times 6 \qquad \cdots ②$$

である．① − ② により，

$$2B = 10C$$

であるから，

$$B = 5C$$

とわかり，これと①から

$$A = 160C - 8B = 160C - 8 \times 5C = 120C$$

とわかる．作業員を 29 人にするとき，材料が t 日でなくなるとすると，t は

$$A + tB = 29C \times t \qquad \cdots ③$$

を満（み）たす．$A = 120C$，$B = 5C$ を③に代入すると，

$$120C + t \times 5C = 29C \times t$$

であり，この両辺を $C\,(\neq 0)$ で割って，

$$120+t\times 5 = 29\times t$$

を得る．この t についての方程式を解くと，

$$24t = 120$$

より，

$$t = 5\,(日)\qquad\qquad\cdots(答)$$

と求まる．

| 例題 2 | ある牧場で，牛を 15 頭放牧すると，14 日間で食べ尽くす草が生えている．もし，9 頭を放牧すると 35 日間で食べ尽くす．ただし，草は毎日一定の割合で生えるものとし，またどの牛も 1 日で食べる草の量は同じであるとする．

(1) 1 日に生える草の量は，牛 1 頭が 1 日に食べる草の量の何倍か．

(2) もし，牛 25 頭を放牧すると何日間で食べ尽くすか．

(3) はじめに牛を 7 頭放牧して，7 日目から何頭か増やしたところ，それから 16 日間で草を食べ尽くした．何頭増やしたか．　　　　　　　　【渋谷教育学園渋谷中】

解答例　牛 1 頭が 1 日に食べる草の量を x，1 日に生える草の量を y，いまの草の量を z とおく．

$$z+y\times(食べ尽くすまでの日数) = x\times(牛の頭数)\times(食べ尽くすまでの日数)\qquad\cdots(*)$$

であることに注目すると，条件により，

$$z+14y = 15\times 14\times x\qquad\qquad\cdots①$$

と

$$z+35y = 9\times 35\times x\qquad\qquad\cdots②$$

が成り立つ．

(1)「1 日に生える草の量は，牛 1 頭が 1 日に食べる草の量の何倍か」を求めたい．これに $y = x\times ?$ の?, つまり，$\dfrac{y}{x}$ を問うている．

②$-$① により，z を消去すると，

$$(35-14)y = (\underbrace{9}_{3\times3}\times\underbrace{35}_{7\times5} - \underbrace{15}_{3\times5}\times\underbrace{14}_{7\times2})x$$

つまり

$$21y = 3\times 5\times 7\times(3-2)\times x$$

を得る．これより，

$$\dfrac{y}{x} = 5\qquad\qquad\cdots(答)$$

である．

(2) (1) より，$y = 5x$ であり，これと①（あるいは②）から，

$$z = 140x$$

とわかる．すると，(∗) は

$$140x + 5x \times (食べ尽くすまでの日数) = x \times (牛の頭数) \times (食べ尽くすまでの日数)$$

となり，この両辺を x で割ることで，

$$140 + 5 \times (食べ尽くすまでの日数) = (牛の頭数) \times (食べ尽くすまでの日数)$$

であることがわかる．

牛 25 頭を放牧するとき，食べ尽くすまでの日数を t とすれば，

$$140 + 5t = 25t$$

より，

$$20t = 140$$

であり，

$$t = 7 \, (日) \hspace{3cm} \cdots (答)$$

と求まる．

(3) はじめの 6 日間は牛 7 頭，7 日目からの 16 日間は牛 k 頭によって，草を計 22 日で食べ尽くしたとすると，

$$z + y \times 22 = \underbrace{x \times 7 \times 6}_{はじめの6日で減る草の量} + \underbrace{x \times k \times 16}_{あとの16日で減る草の量}$$

であり，$z = 140x$，$y = 5x$ であったことから，

$$140x + 5x \times 22 = x \times 7 \times 6 + x \times k \times 16$$

であり，この両辺を x で割って，

$$140 + 5 \times 22 = 7 \times 6 + 16k$$

を得る．これより，

$$16k = 208$$

であるから，

$$k = 13$$

とわかる．したがって，増やした牛は

$$k - 7 = 13 - 7 = 6 \, (頭) \hspace{3cm} \cdots (答)$$

である．

$\boxed{類題 1}$　牧場に山羊を放して牧草を食べさせる. 13 頭の山羊を放すと 4 日間で食べ終わり, 10 頭の山羊を放すと 6 日間で食べ終わる. 6 頭の山羊を放すと何日間で食べ終わるか.

【普連土学園中】

$\boxed{類題 2}$　ある池には, 毎分 $8cm^3$ の水が常に流れ込んでいる. この池の水を, 3 台のポンプを使って汲み出すと 1 時間半で, 5 台のポンプを使って汲み出すと 50 分で池が空になる.

(1) この池にはじめあった水の量を求めよ.

(2) 13 台のポンプを使って水を汲み出すとき, 池が空になるまでに何分かかるか.

(3) 何台かのポンプを使って水を汲み出したところ, 30 分で池が空になった. 何台のポンプを使ったか求めよ.

【東京女学館中】

$\boxed{類題 3}$　一定の割合で水の漏れる水槽がある. 満杯の状態から, 1 分間に 2 リットルの割合で水をくみ出す管を 5 本使って水をくみ出すと 50 分間で水槽の水はなくなる. また, 同じ管を 8 本使って水をくみ出すと 35 分で水槽の水はなくなる.

(1) 水槽の容積は何リットルか.

(2) 満杯の状態から管を使わずに漏れるままにしておくと, 水は何分でなくなるか.

【清真学園中】

$\boxed{類題 4}$　西山動物園では, 開門前に長い行列ができていて, さらに, 一定の割合で入園希望者が行列に加わっていく. 開門と同時に, 発券機を 5 台使うと 20 分で行列がなくなり, 開門と同時に, 発券機を 6 台使うと 15 分で行列がなくなる. また, もし開門のときの行列の人数が 50 人少なかったとすると, 開門と同時に, 発券機を 7 台使えば 10 分で行列がなくなる.

(1) 開門のとき, 行列の人数は何人か.

(2) 開門と同時に, 発券機を 10 台使うと何分で行列がなくなるか.

【開成中】

3.8 旅人算に挑む

例題 1 共子さんは登校するとき，いつも友子さんの家まで自転車で毎時 12km の速さで行く．友子さんの家で 3 分待って，一緒に毎時 4km の速さで歩き，自分の家を出てから 34 分で学校に着く．ある朝，共子さんは友子さんの家まで自転車で毎時 10km の速さで行き，待たずにそこから毎時 4km の速さで歩いていき，33 分で学校に着いた．共子さんの家から友子さんの家を経由する学校までの道のりは何 km か．　　　　【共立女子中】

解答例 共子さんの家から友子さんの家までの道のりを x km，友子さんの家から学校までの道のりを y km とすると，

$$\begin{cases} \dfrac{x}{12} \cdot 60 + 3 + \dfrac{y}{4} \cdot 60 = 34, \\ \dfrac{x}{10} \cdot 60 + \dfrac{y}{4} \cdot 60 = 33 \end{cases}$$

つまり

$$\begin{cases} 5x + 15y = 31, & \cdots① \\ 6x + 15y = 33 & \cdots② \end{cases}$$

が成り立つ．② − ① により，

$$x = 2$$

である．これと ①（あるいは②）により，

$$y = \frac{7}{5} = 1.4$$

とわかる．したがって，共子さんの家から友子さんの家を経由する学校までの道のりは

$$x + y = 2 + 1.4 = 3.4 \, (\mathrm{km}) \qquad \cdots(答)$$

である．

例題 2 一郎君は駅から学校へ，二郎君と三郎君は学校から駅へ向かった．一郎君は毎分 50 m，二郎くんは毎分 46 m，三郎君は毎分 30 m の速さでそれぞれ歩いている．3 人が同時に出発したら，一郎君は二郎君とすれちがってから 5 分後に三郎君とすれちがった．駅と学校との距離は何 m か．　　　　【関東学院中】

解答例 駅と学校との距離が x m であるとし，3 人が同時に出発してから一郎君と二郎君がすれちがうまでの時間を y 分とする．

$$\begin{cases} x = 50y + 46y, \\ x = 50(y+5) + 30(y+5) \end{cases}$$

つまり

$$\begin{cases} x = 96y, \\ x = 80(y+5) \end{cases}$$

が成り立つ．これより，

$$96y = 80(y+5)$$

であり，この両辺を 16 で割って，

$$6y = 5(y+5)$$

を得る．これより，

$$6y = 5y + 25$$

であるから，

$$y = 25.$$

よって，

$$x = 96 \times 25 = 2400 \, (\text{m}). \qquad \cdots (\text{答})$$

類題 1 　グラウンドのまわりを A, B, C の 3 人が同じ方向に一定の速さで走ったところ，A は B に 4 分ごとに，C に 3 分ごとに追いこされた．このとき，B は C に何分ごとに追いこされたか．【武蔵工大附中】

類題 2 　A さん，B さんの 2 人が同時に X 町を出発して Y 町に向かい，それと同時に C さんは Y 町を出発して X 町に向かった．途中で A さんと C さんが出会い，それから 8 分後に B さんと C さんが出会った．A さん，B さん，C さんの速さはそれぞれ毎分 150m，105m，120m である．X 町と Y 町の間の距離は何 km か．【同志社国際中】

3.9　流水算に挑む

> 例題 1 　川の上流の P 地と下流の Q 地をボートで往復すると，行きは 2 時間かかり，帰りは 4 時間かかる．ある日，川の流れがいつもより毎時 1km 速くなっていたので，行きは 1 時間 30 分かかった．帰りは何時間かかるか．　　　　　　　　　　　　　　　　　　【滝川中】

解答例 　　P と Q の間の距離を L km，静水時 (流れのない状況) でのボートの速さを a (km/時)，川の流れの速さを b (km/時) とおく．「行きは 2 時間かかり，帰りは 4 時間かかる」ことから，行きが下りで帰りが上りであることがわかり，

$$\frac{L}{a+b} = 2, \qquad \frac{L}{a-b} = 4$$

すなわち

$$L = 2(a+b), \qquad L = 4(a-b)$$

である．これらより，

$$2(a+b) = 4(a-b)$$

が得られ，これを変形すると，

$$a+b = 2a-2b$$

より，

$$a = 3b$$

が得られ，$L = 8b$ と表せる．川の流れがいつもより毎時 1km 速くなっていた日の行き (下り) に 1 時間 30 分かかったことから，

$$\frac{L}{a+(b+1)} = \frac{3}{2}$$

である．これより，

$$2L = 3(a+b+1)$$

であり，これに，$L = 8b$，$a = 3b$ を代入すると，

$$16b = 3(3b+b+1)$$

より，

$$4b = 3$$

なり，

$$b = \frac{3}{4}$$

わかる．これより，$a = \frac{9}{4}$，$L = 6$ であるから，川の流れがいつもより毎時 1km 速くなってい 日の帰り (上り) にかかる時間は

$$\frac{L}{a-(b+1)} = \frac{6}{\frac{9}{4} - \left(\frac{3}{4}+1\right)} = 12 \text{ (時間)} \qquad \cdots \text{(答)}$$

である.

> 例題 2 　太郎と花子は同じ速さのボートに乗って 2400m 離れた川の上流の A 地点と下流の B 地点を往復する. 太郎は A 地点から, 花子は B 地点から同時に出発すると, B 地点から 900m 離れたところで一度 2 人はすれ違い, その後 6 分 40 秒後たって再びすれ違った. 川の流れの速さは分速何 m か.　　　　　　　　　　　　　　　　　【青山学院中】

解答例 　ボートの速さを $t\,(\text{m/分})$, 川の流れの速さを $x\,(\text{m/分})$ とする. 出発してから 1 度目にすれ違うまでの時間に注目すると, 花子が 900m を上るのに要する時間と太郎が 1500m を下るのに要する時間が等しいことから,

$$\frac{900}{t-x} = \frac{1500}{t+x}$$

が成り立つ. これより,

$$900(t+x) = 1500(t-x)$$

であり, 両辺を 300 で割って,

$$3(t+x) = 5(t-x)$$

つまり

$$3t + 3x = 5t - 5x$$

であることから,

$$8x = 2t$$

つまり

$$t = 4x$$

であることがわかる. 1 度目にすれ違ってから, 太郎が B 地点に着くまでには

$$\frac{900}{t+x} \qquad \text{つまり} \qquad \frac{900}{4x+x} = \frac{900}{5x} = \frac{180}{x}$$

分かかることから, B 地点から 2 度目にすれ違う地点までに太郎が移動にかかる $\underbrace{\left(6 + \frac{40}{60}\right)}_{6\,分\,40\,秒} - \frac{18}{x}$

分で太郎が移動した距離は

$$\left(6 + \frac{2}{3} - \frac{180}{x}\right) \times (t-x) = \left(\frac{20}{3} - \frac{180}{x}\right) \times (4x-x) = 20x - 540 \ (\text{m}) \qquad \cdots$$

である. 一方, 1 度目にすれ違ってから, 花子が A 地点に着くまでには

$$\frac{1500}{t-x} \qquad \text{つまり} \qquad \frac{1500}{4x-x} = \frac{1500}{3x} = \frac{500}{x}$$

分かかることから, A 地点から 2 度目にすれ違う地点までに花子が移動にかかる $\left(6 + \frac{40}{60}\right) - \frac{50}{x}$

分で花子が移動した距離は

$$\left(6 + \frac{2}{3} - \frac{500}{x}\right) \times (t+x) = \left(\frac{20}{3} - \frac{500}{x}\right) \times (4x+x) = \frac{100}{3}x - 2500 \ (\text{m}) \qquad \cdots$$

である．①と②の和は A，B 間の距離であることから，

$$\left(20x - 540\right) + \left(\frac{100}{3}x - 2500\right) = 2400$$

が成り立つ．これより，

$$\frac{160}{3}x = \underbrace{540 + 2500 + 2400}_{5440}$$

ゆえ，

$$x = 5440 \times \frac{3}{160} = 102 \,(\text{m/分}) \qquad\qquad \cdots(\text{答})$$

である．

類題 1　ある川の下流の A 地点から上流の B 地点まで行く船に乗った．A から AB 間の距離の 3 分の 2 の区間は予定通り 20 分で上がり，残り 3 分の 1 の区間はダムの放流のため川の流れの速さが 2 倍になったため出発から到着までの時間が予定の 2 倍になった．船は静水では 1 時間あたり 14km 進む．このとき，はじめの川の流れの速さと，A 地点と B 地点の間の距離を求めよ．　　　　　　　　　　　　　　　　　　　　　　　　【洛南高附中】

類題 2　上流の A 町と下流の B 町の間を，静水時の速さが毎時 15km の定期船が往復している．A 町から B 町まで下るのに 6 時間かかり，上りはエンジンの故障で船の静水時の速さが 3 分の 2 に落ちたので，14 時間かかった．

(1) この川の流れの速さは毎時何 km か．

(2) A 町から B 町までの距離は何 km か．　　　　　　　　　　　　　　　　　【帝京中】

3.10　割合・比の問題に挑む

┃ 例題 1 ┃　ある分数の分子と分母を足すと 41 になり，分子から 3 を引き分母に 2 を足して約分すると $\dfrac{3}{5}$ になる．この分数を求めよ．　　　　　　　　　【大妻中野中】

┃ 解答例 ┃　この "ある分数" を $\dfrac{x}{y}$ とする．

$$x+y=41 \qquad\qquad \cdots ①$$

であり，

$$\frac{x-3}{y+2}=\frac{3}{5} \qquad\qquad \cdots ②$$

でもある．①と②を連立させて，x, y を求めればよいわけであるが，②が少し煩雑なので，②式をもう少しわかりやすいシンプルな形に変形しておこう．

②において，両辺に $5(y+2)$ をかけると，

$$5(x-3)=3(y+2)$$

が得られ，

$$5x-15=3y+6$$

となり，

$$5x-3y=21 \qquad\qquad \cdots ②'$$

が得られる．①と②'を連立させて，x, y を求めると，$(x, y)=(18, 23)$.

よって，この分数は $\dfrac{18}{23}$ とわかる．

┃ 例題 2 ┃　2 つの商品 A と B の定価の合計は 5600 円である．A を 2 割引き，B を 3 割引きで買ったので，合計が 4260 円になった．A の定価は何円か．　　　　　　　【国学院大栃木中】

┃ 解答例 ┃　A の定価を x 円，B の定価を y 円とする．A と B の定価の合計は 5600 円であることから，

$$x+y=5600 \qquad\qquad \cdots ①$$

である．A を 2 割引き，B を 3 割引きで買った合計が 4260 円であるから，

$$x\times(1-0.2)+y\times(1-0.3)=4260$$

つまり

$$\frac{8}{10}x+\frac{7}{10}y=4260 \qquad\qquad \cdots ②$$

である．①と②との連立方程式を解けばよい．

①の両辺を $\dfrac{7}{10}$ 倍すると，

$$\frac{7}{10}x+\frac{7}{10}y=5600\times\frac{7}{10}$$

104

つまり

$$\frac{7}{10}x + \frac{7}{10}y = 3920 \qquad \cdots ①'$$

である．② − ①' により，y を消去して，

$$\frac{1}{10}x = 340$$

であるから，両辺を 10 倍して，

$$x = 3400 \,(円)$$

と求まる．

例題 3　ある店で，ある品物を仕入れ値の 2 割増しの定価で売っていた．ある日，バーゲンセールを行い，定価の 1 割引で売ったところ，前日よりもたくさん売れて，この日の利益は前日よりも 1 割増えた．この品物が売れた個数は前日の何倍か．　【久留米大附設中】

解答例　1 個当たりの仕入れ値を k (円/個) とする．前日に売れた個数を x (個)，この日に売れた個数を y (個) とする．求める値は $\dfrac{y}{x}$ である．

	定価 (円/個)	1 個当たりの利益 (円/個)	売った個数 (個)	利益 (円)
前日	1.2k	0.2k	x	0.2kx
この日	1.08k	0.08k	y	0.08ky

この日の利益は前日よりも 1 割増えたことから，

$$0.08ky = 0.2kx \times 1.1$$

である．この式の両辺に $\dfrac{100}{k}$ をかけて，

$$8y = 22x$$

となり，さらにこの両辺を $8x$ で割って，

$$\frac{y}{x} = \frac{22x}{8x} = \frac{11}{4} \qquad \cdots (答)$$

である．

例題 4　たかし君，ひろし君，あき子さんの 3 人が，それぞれお金を持っている．たかし君の持っているお金の 1 割をひろし君に渡し，さらにあき子さんが持っているお金の 4 割をひろし君に渡すと，持っているお金は 3 人とも同じになる．
また，たかし君が持っているお金の 1 割をひろし君に渡し，さらにあき子さんがひろし君に 500 円渡すと，あき子さんの持っているお金はひろし君が持っているお金よりも 800 円多くなる．さて，たかし君，ひろし君，あき子さんの持っているお金はいくらか．　【白陵中】

解答例　たかし君は x 円，ひろし君は y 円，あき子さんは z 円持っているとする．

たかし君	ひろし君	あき子さん
x	y	z

たかし君の持っているお金の 1 割をひろし君に渡すと,

たかし君	ひろし君	あき子さん
$0.9x$	$y+0.1x$	z

となり, さらにあき子さんが持っているお金の 4 割をひろし君に渡すと,

たかし君	ひろし君	あき子さん
$0.9x$	$y+0.1x+0.4z$	$0.6z$

となる. このとき, 持っているお金は 3 人とも同じになることから,

$$0.9x = y+0.1x+0.4z = 0.6z \qquad \cdots ①$$

である.
　また,

たかし君	ひろし君	あき子さん
x	y	z

の状況から, たかし君が持っているお金の 1 割をひろし君に渡すと

たかし君	ひろし君	あき子さん
$0.9x$	$y+0.1x$	z

となり, さらにあき子さんがひろし君に 500 円渡すと,

たかし君	ひろし君	あき子さん
$0.9x$	$y+0.1x+500$	$z-500$

となる. このとき, あき子さんの持っているお金はひろし君が持っているお金よりも 800 円多くなることから,

$$z-500 = (y+0.1x+500)+800 \qquad \cdots ②$$

である.
　①の右側の等式 $y+0.1x+0.4z = 0.6z$ から,

$$y+0.1x = 0.2z \qquad \cdots ③$$

であり, これと②から,

$$z-500 = (0.2z+500)+800$$

より,

$$0.8z = 1800$$

であるから,

$$z = \frac{1800}{0.8} = \frac{18000}{8} = 2250 \,(円) \qquad \longleftarrow あき子さん$$

①から，

$$0.9x = 0.6z = 0.6 \times 2250 = \frac{3}{5} \times 2250 = 1350$$

とわかるので，

$$x = \frac{1350}{0.9} = \frac{13500}{9} = 1500 \,(円)$$　　　　　　　　　← たかし君

すると，③から，

$$y + 0.1 \times 1500 = 0.2 \times 2250$$

より，

$$y = 225 \times 2 - 150 = 300 \,(円)$$　　　　　　　　　← ひろし君

類題 1　ある分数の分母に 1 を加えて約分すると $\frac{1}{3}$ になり，分子に 1 を加えて約分すると $\frac{1}{2}$ になる．このとき，もとの分数はいくらか．　　　　　　【同志社香里中】

類題 2　全部で 72 個の玉がある．はじめに A さん，B さん，C さんの 3 人で 72 個の玉を何個かずつ分けた．最初，A さんは自分の持っていた玉の $\frac{1}{3}$ を B に渡した．次に，B さんは A さんからもらった玉と最初から自分が持っていた玉の合計の $\frac{1}{4}$ を C さんに渡した．最後に，C さんは B さんからもらった玉と最初から自分が持っていた玉の合計の $\frac{1}{5}$ を A さんに渡した．その結果，3 人の玉の個数はすべて等しくなった．最初に A さん，B さん，C さんが持っていた玉の個数を求めよ．　　　　　　【清風南海中】

第 4 章

解答・解説

4.1　第 2 章の解説

練習 1

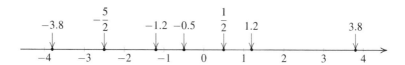

練習 2

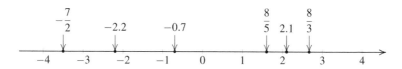

また，6 つの数の大小関係を不等号を用いて表すと，

$$-\frac{7}{2} < -2.2 < -0.7 < \frac{8}{5} < 2.1 < \frac{8}{3}$$

となる.

練習 3

(1) $4+(-7) = -3.$

数直線上で 4 の位置から 7 だけ左に移動すると，原点 (0) から左に $7-4=3$ だけ移動した点にくる.

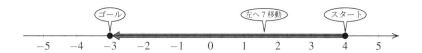

(2) $4 - 7 = -3$.

数直線上で 4 の位置から 7 だけ左に移動すると，原点 (0) から左に $7 - 4 = 3$ だけ移動した点にくる．

(3) $2 - (-3) = 5$.

数直線上で 2 の位置から 3 だけ右に移動すると，原点 (0) から右に $2 + 3 = 5$ だけ移動した点にくる．

(4) $-1 + (-3) = -4$.

数直線上で -1 の位置から 3 だけ左に移動すると，原点 (0) から左に $1 + 3 = 4$ だけ移動した点にくる．

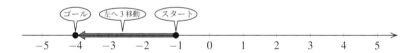

(5) $-4 - 7 = -11$.

数直線上で -4 の位置から 7 だけ左に移動すると，原点 (0) から左に $4 + 7 = 11$ だけ移動した点にくる．

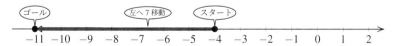

(6) $-4 - (-7) = 3$.

数直線上で -4 の位置から 7 だけ右に移動すると，原点 (0) から右に $7 - 4 = 3$ だけ移動した点にくる．

(7) $\dfrac{1}{3} + \left(-\dfrac{5}{3}\right) = -\dfrac{4}{3}$.

数直線上で $\dfrac{1}{3}$ の位置から $\dfrac{5}{3}$ だけ左に移動すると，原点 (0) から左に $\dfrac{5}{3} - \dfrac{1}{3} = \dfrac{4}{3}$ だけ移動した点にくる.

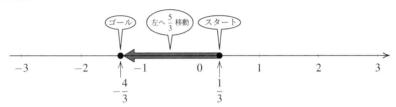

(8) $\dfrac{1}{3} - \dfrac{5}{3} = -\dfrac{4}{3}$.

数直線上で $\dfrac{1}{3}$ の位置から $\dfrac{5}{3}$ だけ左に移動すると，原点 (0) から左に $\dfrac{5}{3} - \dfrac{1}{3} = \dfrac{4}{3}$ だけ移動した点にくる.

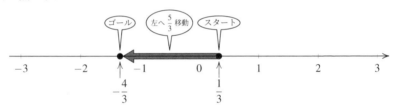

(9) $\dfrac{1}{3} - \left(-\dfrac{5}{3}\right) = 2$.

数直線上で $\dfrac{1}{3}$ の位置から $\dfrac{5}{3}$ だけ右に移動すると，原点 (0) から右に $\dfrac{1}{3} + \dfrac{5}{3} = 2$ だけ移動した点にくる.

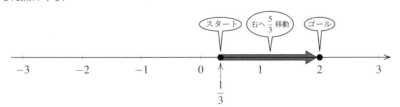

(10) $-\dfrac{1}{3} + \left(-\dfrac{5}{3}\right) = -2$.

数直線上で $-\dfrac{1}{3}$ の位置から $\dfrac{5}{3}$ だけ左に移動すると，原点 (0) から左に $\dfrac{1}{3} + \dfrac{5}{3} = 2$ だけ移動した点にくる.

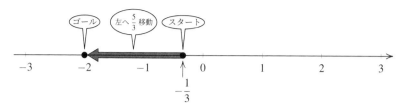

(11) $-\dfrac{1}{3}-\dfrac{5}{3}=-2$.

　　数直線上で $-\dfrac{1}{3}$ の位置から $\dfrac{5}{3}$ だけ左に移動すると，原点 (0) から左に $\dfrac{1}{3}+\dfrac{5}{3}=2$ だけ移動した点にくる．

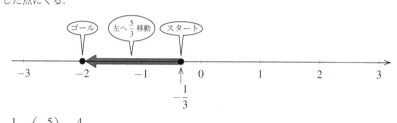

(12) $-\dfrac{1}{3}-\left(-\dfrac{5}{3}\right)=\dfrac{4}{3}$.

　　数直線上で $-\dfrac{1}{3}$ の位置から $\dfrac{5}{3}$ だけ右に移動すると，原点 (0) から右に $\dfrac{5}{3}-\dfrac{1}{3}=\dfrac{4}{3}$ だけ移動した点にくる．

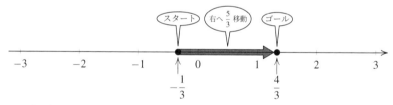

(13) $-\dfrac{5}{3}+\left(-\dfrac{3}{2}\right)=-\dfrac{19}{6}$.

　　数直線上で $-\dfrac{5}{3}$ の位置から $\dfrac{3}{2}$ だけ左に移動すると，原点 (0) から左に $\dfrac{5}{3}+\dfrac{3}{2}=\dfrac{10+9}{6}=\dfrac{19}{6}$ だけ移動した点にくる．

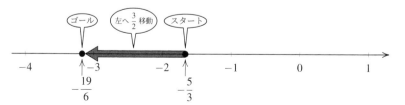

(14) $-\dfrac{5}{3}-\left(-\dfrac{3}{2}\right)=-\dfrac{1}{6}$.

　　数直線上で $-\dfrac{5}{3}$ の位置から $\dfrac{3}{2}$ だけ右に移動すると，原点 (0) から左に $\dfrac{5}{3}-\dfrac{3}{2}=\dfrac{10-9}{6}=\dfrac{1}{6}$

だけ移動した点にくる.

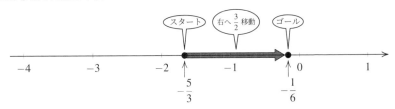

(15) $-\dfrac{5}{3}-\dfrac{3}{2}=-\dfrac{19}{6}$.

数直線上で $-\dfrac{5}{3}$ の位置から $\dfrac{3}{2}$ だけ左に移動すると, 原点 (0) から左に $\dfrac{5}{3}+\dfrac{3}{2}=\dfrac{10+9}{6}=\dfrac{19}{6}$ だけ移動した点にくる.

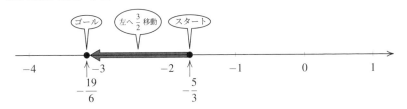

(16) $\dfrac{3}{2}-\dfrac{5}{3}=-\dfrac{1}{6}$.

数直線上で $\dfrac{3}{2}$ の位置から $\dfrac{5}{3}$ だけ左に移動すると, 原点 (0) から左に $\dfrac{5}{3}-\dfrac{3}{2}=\dfrac{10-9}{6}=\dfrac{1}{6}$ だけ移動した点にくる.

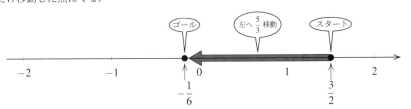

練習4

(1) $\dfrac{2}{5}\times\left(-\dfrac{10}{20}\right)=-\dfrac{1}{5}$.

(2) $\left(-\dfrac{1}{3}\right)\times\left(-\dfrac{1}{2}\right)=\dfrac{1}{6}$.

(3) $(-0.25)\times\dfrac{4}{3}=-\left(\dfrac{1}{4}\times\dfrac{4}{3}\right)=-\dfrac{1}{3}$.

練習5

(1) $\dfrac{2}{15}\div\left(-\dfrac{9}{20}\right)=-\left(\dfrac{2}{15}\times\dfrac{20}{9}\right)=-\dfrac{8}{27}$.

(2) $\left(-\dfrac{1}{3}\right)\div\left(-\dfrac{1}{2}\right)=\dfrac{1}{3}\times2=\dfrac{2}{3}$.

(3) $(-0.25) \div 0.125 = -\left(\dfrac{1}{4} \div \dfrac{1}{8}\right) = -\left(\dfrac{1}{4} \times 8\right) = -2.$

練習 6

(1)

$$\left(-\frac{1}{2} + \frac{1}{3}\right) \times 0.6 - \left(-\frac{1}{4}\right) \times \left(-\frac{2}{3}\right) + \frac{2}{3}$$
$$= \frac{-3+2}{6} \times \frac{3}{5} - \frac{1}{6} + \frac{2}{3}$$
$$= -\frac{1}{6} \times \frac{3}{5} + \frac{1}{2}$$
$$= \frac{1}{2} - \frac{1}{10} = \frac{4}{10} = \frac{2}{5}.$$

(2)

$$\left(-\frac{1}{2} + \frac{1}{3}\right) \times \left\{0.6 - \left(-\frac{1}{4}\right) \times \left(-\frac{2}{3}\right) + \frac{2}{3}\right\}$$
$$= \left(-\frac{1}{6}\right) \times \left(\frac{3}{5} - \frac{1}{6} + \frac{2}{3}\right)$$
$$= \left(-\frac{1}{6}\right) \times \frac{18 - 5 + 20}{30}$$
$$= \left(-\frac{1}{6}\right) \times \frac{11}{10} = -\frac{11}{60}.$$

(3)

$$\left\{\left(-\frac{1}{2} + \frac{1}{3}\right) \times 0.6 - \left(-\frac{1}{4}\right)\right\} \times \left(-\frac{2}{3}\right) + \frac{2}{3}$$
$$= \left\{\left(-\frac{1}{6}\right) \times \frac{3}{5} + \frac{1}{4}\right\} \times \left(-\frac{2}{3}\right) + \frac{2}{3}$$
$$= \left\{\left(-\frac{1}{10}\right) + \frac{1}{4}\right\} \times \left(-\frac{2}{3}\right) + \frac{2}{3}$$
$$= \frac{3}{20} \times \left(-\frac{2}{3}\right) + \frac{2}{3}$$
$$= -\frac{1}{10} + \frac{2}{3} = \frac{17}{30}.$$

(4)

$$-\frac{1}{2} + \frac{1}{3} \times 0.6 - \left(-\frac{1}{4}\right) \times \left\{\left(-\frac{2}{3}\right) + \frac{2}{5}\right\}$$
$$= -\frac{1}{2} + \frac{1}{3} \times \frac{3}{5} + \frac{1}{4} \times \left(-\frac{4}{15}\right)$$
$$= -\frac{1}{2} + \frac{1}{5} - \frac{1}{15}$$
$$= \frac{-15 + 6 - 2}{30} = -\frac{11}{30}.$$

(5)

$$\left(-0.5+\frac{2}{3}\right)\times\left\{\left(-\frac{6}{5}+2\right)\times\left(-\frac{4}{3}\right)-\left(-\frac{2}{3}\right)\right\}$$

$$=\left(-\frac{1}{2}+\frac{2}{3}\right)\times\left\{\frac{4}{5}\times\left(-\frac{4}{3}\right)+\frac{2}{3}\right\}$$

$$=\frac{1}{6}\times\left\{\left(-\frac{16}{15}\right)+\frac{2}{3}\right\}$$

$$=\frac{1}{6}\times\left(-\frac{6}{15}\right)$$

$$=-\frac{1}{15}.$$

(6)

$$-0.5+\frac{2}{3}\times\left\{-\frac{6}{5}+2\times\left(-\frac{4}{3}\right)-\left(-\frac{2}{3}\right)\right\}$$

$$=-\frac{1}{2}+\frac{2}{3}\times\left(-\frac{6}{5}-\frac{8}{3}+\frac{2}{3}\right)$$

$$=-\frac{1}{2}+\frac{2}{3}\times\left(-\frac{6}{5}-2\right)$$

$$=-\frac{1}{2}+\frac{2}{3}\times\left(-\frac{16}{5}\right)$$

$$=-\frac{1}{2}-\frac{32}{15}$$

$$=-\frac{79}{30}.$$

(7)

$$-0.5+\frac{2}{3}\times\left(-\frac{6}{5}\right)+2\times\left(-\frac{4}{3}\right)-\left(-\frac{2}{3}\right)$$

$$=-\frac{1}{2}-\frac{4}{5}-\frac{8}{3}+\frac{2}{3}$$

$$=\frac{-15-24-80+20}{30}=-\frac{99}{30}=-\frac{33}{10}.$$

(8)

$$\frac{2}{5}-\left(-\frac{1}{2}+3\right)\times\left\{(-2)-(-2)\times\left(-\frac{1}{2}\right)\right\}$$

$$=\frac{2}{5}-\frac{5}{2}\times(-2-1)$$

$$=\frac{2}{5}+\frac{15}{2}$$

$$=\frac{4+75}{10}=\frac{79}{10}.$$

(9)

$$\left\{\frac{2}{5}-\left(-\frac{1}{2}+3\right)\right\}\times(-2)-(-2)\times\left(-\frac{1}{2}\right)$$
$$=\left(\frac{2}{5}-\frac{5}{2}\right)\times(-2)-1$$
$$=\left(-\frac{21}{10}\right)\times(-2)-1$$
$$=\frac{21}{5}-1=\frac{16}{5}.$$

(10)

$$\frac{2}{5}-\left\{-\frac{1}{2}+3\times(-2)-(-2)\right\}\times\left(-\frac{1}{2}\right)$$
$$=\frac{2}{5}-\left(-\frac{1}{2}-6+2\right)\times\left(-\frac{1}{2}\right)$$
$$=\frac{2}{5}-\left(-\frac{9}{2}\right)\times\left(-\frac{1}{2}\right)$$
$$=\frac{2}{5}-\frac{9}{4}=\frac{8-45}{20}=-\frac{37}{20}.$$

練習7

(1) y 分は $\frac{y}{60}$ 時間であり，z 秒は $\frac{z}{60}$ 分，つまり，$\frac{z}{3600}$ 時間であるから，x 時間 y 分 z 秒 は

$$x+\frac{y}{60}+\frac{z}{3600} \text{ 時間}$$

である．

(2) a %の食塩水 200 g には

$$200\times\frac{a}{100}=2a$$

g の食塩が含まれており，b %の食塩水 150 g には

$$150\times\frac{b}{100}=\frac{3}{2}b$$

g の食塩が含まれているので，混ぜた食塩水には

$$2a+\frac{3}{2}b$$

g の食塩が溶けている．

(3) x 円の y 割は $x\times\dfrac{y}{10}$ であり，これだけを定価 x から値下げするので，売るときの値段は

$$x-x\times\frac{y}{10}=x\left(1-\frac{y}{10}\right)$$

円である．$x\cdot\dfrac{10-y}{10}$ あるいは $\dfrac{x(10-y)}{10}$ と表してもよい．

(4) a km つまり 1000a m の道のりを x 時間つまり 60x 分で歩いたとき，平均分速は

$$\frac{1000a}{60x} \quad \text{つまり} \quad \frac{500a}{3x} \ \text{メートル}$$

である．

(5) A 町から C 町の x km は時速 a km で行くので，それには $\dfrac{x}{a}$ 時間かかり，C 町から B 町の $(10-x)$ km は時速 b km で行くので，それには $\dfrac{10-x}{b}$ 時間かかるので，A 町から B 町まで行くのに要した時間は，あわせて，

$$\frac{x}{a} + \frac{10-x}{b} \ \text{時間}$$

である．

(6) 国語，数学，英語の合計点が $3a$ 点であり，国語，数学の合計点が $2c$ 点であることから，これらの違いに着目すると，英語の点数が $(3a-2c)$ 点であるとわかる．

国語	数学	英語	社会	理科	合計点
★	★	★			$3a$
★	★		★	★	$4b$
★	★				$2c$

国語，数学，社会，理科の合計点が $4b$ 点であるので，5 科目の合計点は

$$4b + (3a-2c) \quad \text{つまり} \quad 3a+4b-2c$$

点であり，それゆえ，5 科目の平均点は

$$\frac{3a+4b-2c}{5} \ \text{点}$$

である．

練習 8

(1)

$$\begin{aligned}
6(2x-7)-(x-4) &= 12x-42-x+4 \\
&= 11x-38.
\end{aligned}$$

(2)

$$\begin{aligned}
-(7-x)-(5-2x) &= -7+x-5+2x \\
&= 3x-12.
\end{aligned}$$

(3)

$$\begin{aligned}
-2(-1-3x)-3(5-2x) &= 2+6x-15+6x \\
&= 12x-13.
\end{aligned}$$

(4)

$$-\frac{2}{3}(-6+3x)-\frac{1}{2}(5-2x)=4-2x-\frac{5}{2}+x$$
$$=-x+\frac{3}{2}.$$

(5)

$$\frac{1}{3}(x-5)-\frac{3}{4}(2x-3)+4\left(\frac{3x+1}{2}-\frac{x-2}{4}\right)$$
$$=\frac{1}{3}x-\frac{5}{3}-\frac{3}{2}x+\frac{9}{4}+2(3x+1)-(x-2)$$
$$=\frac{2-9}{6}x+\frac{-20+27}{12}+6x+2-x+2$$
$$=-\frac{7}{6}x+\frac{7}{12}+5x+4$$
$$=\frac{23}{6}x+\frac{55}{12}.$$

(6)

$$-2(y-3x)-\frac{3}{2}(5x-2y)=-2y+6x-\frac{15}{2}x+3y$$
$$=-\frac{3}{2}x+y.$$

(7)

$$-\frac{2}{3}(-6x+3y+1)-\frac{3}{2}(5x-2y-1)=4x-2y-\frac{2}{3}-\frac{15}{2}x+3y+\frac{3}{2}$$
$$=-\frac{7}{2}x+y+\frac{5}{6}.$$

(8)

$$2(2x-3y+z)-(2x-4z)-2(-2y+z)$$
$$=4x-6y+2z-2x+4z+4y-2z$$
$$=2x-2y+4z.$$

(9)

$$\frac{4}{3}(3x-6y+9z)-\frac{3}{2}(-2x+4y-6z)$$
$$=4x-8y+12z+3x-6y+9z$$
$$=7x-14y+21z.$$

練習 9　$a=2,\ b=-\frac{1}{3},\ c=0.5$ のとき，

(1) $a+3b+2c-1=2+3\times\left(-\frac{1}{3}\right)+2\times0.5-1=2-1+1-1=1.$

(2) $abc = 2 \times \left(-\dfrac{1}{3}\right) \times 0.5 = -\dfrac{1}{3}.$

(3) 整理してから代入すると，

$$(3a+4b-c) - 2(2a+b-4c) + 3(3a-5b+c) + (-7a+2b+3c)$$
$$= 3a+4b-c-4a-2b+8c+9a-15b+3c-7a+2b+3c$$
$$= (3-4+9-7)a + (4-2-15+2)b + (-1+8+3+3)c$$
$$= a - 11b + 13c$$
$$= 2 - 11 \times \left(-\dfrac{1}{3}\right) + 13 \times 0.5$$
$$= 2 + \dfrac{11}{3} + \dfrac{13}{2} = \dfrac{12+22+39}{6} = \dfrac{73}{6}.$$

(4)

$$\dfrac{b}{a} - \dfrac{c}{b} - \dfrac{a}{c} = \dfrac{-\frac{1}{3}}{2} - \dfrac{0.5}{-\frac{1}{3}} - \dfrac{2}{0.5}$$
$$= -\dfrac{1}{6} + \dfrac{3}{2} - 4 = \dfrac{-1+9-24}{6} = -\dfrac{16}{6} = -\dfrac{8}{3}.$$

練習 10

(1) $a = 7b + 3.$

(2) $50x + 80y = 2z - 100.$

(3) $\dfrac{\frac{20}{100}x}{x+y} = \dfrac{z}{100}.$

練習 11

(1) $mv = 100(m+M)$ の右辺を展開して，

$$mv = 100m + 100M.$$
$$100M = mv - 100m.$$

両辺を 100 で割って，

$$M = \dfrac{mv - 100m}{100}.$$

(注意)　$M = \dfrac{m(v-100)}{100}$ あるいは $M = \dfrac{mv}{100} - m$ などでもよい.

(2) $x + \dfrac{2x-3y}{4} = \dfrac{3y}{5} - \dfrac{2}{3}(x+1)$ の両辺に 60 をかけて，

$$60x + 15(2x-3y) = 12 \cdot 3y - 40(x+1).$$

展開して，

$$60x + 30x - 45y = 36y - 40x - 40.$$
$$130x = 81y - 40.$$

両辺を 130 で割って，

$$x = \dfrac{81y - 40}{130}.$$

練習 12

(1)

$$8 - 2(-x + 1) - 2x = 2x - 5$$
$$\Longleftrightarrow 8 + 2x - 2 - 2x = 2x - 5$$
$$\Longleftrightarrow 6 = 2x - 5$$
$$\Longleftrightarrow 2x = 11$$
$$\Longleftrightarrow x = \frac{11}{2}.$$

(2)

$$2 - \frac{5x - 4}{6} = 2x$$
$$\Longleftrightarrow 12 - (5x - 4) = 12x$$
$$\Longleftrightarrow 12 - 5x + 4 = 12x$$
$$\Longleftrightarrow 17x = 16$$
$$\Longleftrightarrow x = \frac{16}{17}.$$

(3)

$$\frac{2}{3}(x - 4) = \frac{1}{4}(3x + 1) - 1$$
$$\Longleftrightarrow 8(x - 4) = 3(3x + 1) - 12$$
$$\Longleftrightarrow 8x - 32 = 9x + 3 - 12$$
$$\Longleftrightarrow x = -23.$$

(4)

$$0.12x + 1.1 = 0.06x - 0.04$$
$$\Longleftrightarrow 12x + 110 = 6x - 4$$
$$\Longleftrightarrow 6x = -114$$
$$\Longleftrightarrow x = -19.$$

(5)

$$4(0.5x - 0.1) - 0.3(2x - 5) = 1 - 0.6(x - 1)$$
$$\Longleftrightarrow 4(5x - 1) - 3(2x - 5) = 10 - 6(x - 1)$$
$$\Longleftrightarrow 20x - 4 - 6x + 15 = 10 - 6x + 6$$
$$\Longleftrightarrow 20x = 5$$
$$\Longleftrightarrow x = \frac{1}{4}.$$

(6)

$$\frac{7x-3}{3} - \frac{3x-1}{4} = \frac{5-x}{12}$$
$$\Longleftrightarrow 4(7x-3) - 3(3x-1) = 5-x$$
$$\Longleftrightarrow 28x-12-9x+3 = -x+5$$
$$\Longleftrightarrow 20x = 14$$
$$\Longleftrightarrow x = \frac{7}{10}.$$

(7)

$$7 - 4\left(x + \frac{2}{3}\right) = \frac{5x-3}{6}$$
$$\Longleftrightarrow 42 - 4(6x+4) = 5x-3$$
$$\Longleftrightarrow 42 - 24x - 16 = 5x - 3$$
$$\Longleftrightarrow 29x = 29$$
$$\Longleftrightarrow x = 1.$$

(8)

$$9x - 2\{5 + 6(x-1)\} = 4(x-3)$$
$$\Longleftrightarrow 9x - 2(6x-1) = 4x - 12$$
$$\Longleftrightarrow 9x - 12x + 2 = 4x - 12$$
$$\Longleftrightarrow 7x = 14$$
$$\Longleftrightarrow x = 2.$$

(9)

$$15 - 2\left(2x - \frac{3x+1}{4}\right) = \frac{1}{2}$$
$$\Longleftrightarrow 30 - 4\left(2x - \frac{3x+1}{4}\right) = 1$$
$$\Longleftrightarrow 30 - 8x + (3x+1) = 1$$
$$\Longleftrightarrow 5x = 30$$
$$\Longleftrightarrow x = 6.$$

(10)

$$\frac{1}{3}(4x-1) - \frac{1}{2}(11-x) = 0.75(x-2)$$
$$\Longleftrightarrow 4(4x-1) - 6(11-x) = 12 \times \frac{3}{4}(x-2)$$
$$\Longleftrightarrow 16x - 4 - 66 + 6x = 9x - 18$$
$$\Longleftrightarrow 13x = 52$$
$$\Longleftrightarrow x = 4.$$

練習 13

(1) $(x-1):(4x+3)=2:1$ は

$$(x-1)\times 1=(4x+3)\times 2$$

と書き換えられる.

$$x-1=8x+6$$

より

$$7x=-7.$$

ゆえに,

$$x=-1.$$

(2) $\left(\dfrac{2}{5}x+\dfrac{1}{3}\right):(x+2)=7:15$ は

$$\left(\dfrac{2}{5}x+\dfrac{1}{3}\right)\times 15=(x+2)\times 7$$

と書き換えられる.

$$6x+5=7x+14$$

より,

$$x=-9.$$

(3) $\left(\dfrac{2}{3}x-\dfrac{1}{3}\right):\left(\dfrac{4}{3}x-\dfrac{7}{2}\right)=5:7$ は

$$\left(\dfrac{2}{3}x-\dfrac{1}{3}\right)\times 7=\left(\dfrac{4}{3}x-\dfrac{7}{2}\right)\times 5$$

と書き換えられる.

$$\dfrac{14}{3}x-\dfrac{7}{3}=\dfrac{20}{3}x-\dfrac{35}{2}$$

より, 両辺に 6 をかけ,

$$28x-14=40x-105.$$

ゆえに,

$$12x=91$$

から,

$$x=\dfrac{91}{12}.$$

練習 14

(1) 生徒数を x (人) とすると,

$$2x=40+6$$

より,

$$x=23 \,(人)$$

とわかる．すると，ペンの総本数は

$$3x + 40 = 3 \times 23 + 40 = 109\,(\text{本})$$

である．

(2) ノートを 1 冊の価格を x 円とすると，所持金は

$$(\text{所持金}) = 10x - 200$$

と表せる．この所持金は

$$(\text{所持金}) = 8x + 40$$

とも表せることから，

$$10x - 200 = 8x + 40$$

より，

$$2x = 240.$$

両辺を 2 で割って，

$$x = 120. \qquad \longleftarrow \text{ノート 1 冊の値段}$$

したがって，所持金は

$$10x - 200 = 10 \times 120 - 200 = 1000$$

円である．

練習 15

(1) 原価を a 円とし，定価を原価の x 割増しにしたとしよう．すると，定価は

$$a + \frac{x}{10}a = a\left(1 + \frac{x}{10}\right)$$

円ということになる．さて，この商品を定価の 2 割引き，つまり，定価の 8 割で売ったら，売価は

$$a\left(1 + \frac{x}{10}\right) \times 0.8$$

円である．このときの利益が原価 a 円の 1 割 1 分である条件は

$$a\left(1 + \frac{x}{10}\right) \times 0.8 - a = a \times 0.11$$

が成り立つことである．両辺を a で割ると，

$$\left(1 + \frac{x}{10}\right) \times 0.8 - 1 = 0.11$$

が得られることから，

$$\left(1 + \frac{x}{10}\right) \times \frac{4}{5} = \frac{111}{100}.$$

$$1 + \frac{x}{10} = \frac{111}{80}.$$

$$\frac{x}{10} = \frac{31}{80}.$$

$$x = \frac{31}{8}.$$

したがって，定価の 2 割引きで売っても，なお原価の 1 割 1 分の利益を得るには，定価を原価の $\frac{31}{8} = 3.875$ 割増しにすればよい．

(2) 仕入れ値が A 店，B 店ともに x 円であるとする．

	A 店	B 店
仕入れ値	x	x
定価	$x \times (1+0.2) = \frac{6}{5}x$	$x \times (1+0.25) = \frac{5}{4}x$
売価	$\frac{6}{5}x - 2000$	$\frac{5}{4}x \times \frac{86}{100} = \frac{43}{40}x$

条件から，

$$\frac{6}{5}x - 2000 = \frac{43}{40}x$$

が成り立つ．これを満たす x を求めればよい．両辺に 40 をかけて，

$$48x - 80000 = 43x.$$

$$5x = 80000.$$

$$x = 16000.$$

ゆえに，この品物の仕入れ値は 16000 円である．

練習 16

(1) 家から学校までの距離を L km であるとする．条件から，自転車と徒歩での時間に注目すると，

$$\underbrace{\frac{L}{13}}_{\text{自転車でかかる時間}} + \underbrace{\frac{1}{2}}_{\text{30 分}} = \underbrace{\frac{L}{3}}_{\text{徒歩でかかる時間}}$$

が成り立つ．両辺に $13 \times 3 \times 2 (= 78)$ をかけ，

$$6L + 39 = 26L.$$

$$20L = 39.$$

$$L = \frac{39}{20}.$$

したがって，家から学校までの距離が $\frac{39}{20}$ km あることがわかるので，徒歩でかかる時間は $\frac{39}{20} \div 3 = \frac{13}{20}$ 時間，すなわち，$\frac{13}{20} \times 60 = 39$ 分である．

(2) 走る速さは $\dfrac{3000}{30} = 100\,\text{m/分}$ であり，歩く速さは $\dfrac{3000}{40} = 75\,\text{m/分}$ である．36 分のうち x 分だけ走ったとすると，$(36-x)$ 分歩いたことになり，距離に着目すると，

$$100x + 75(36-x) = 3000$$

が成り立つ．両辺を 25 で割って，

$$4x + 3(36-x) = 120.$$
$$4x + 108 - 3x = 120.$$
$$x = 12.$$

したがって，走った距離は $100 \times 12 = 1200$ メートル，すなわち，1.2 キロメートルである．

(3) 帰りの速さを毎時 x km とすると，「行きの速さは帰りの速さよりも毎時 4km 速かった」ことから，行きの速さは毎時 $(x+4)$ km と表せる．
距離に着目すると，

$$\underbrace{(x+4) \times \frac{70}{60}}_{\text{行きの距離}} = (\text{AB 間の距離}) = \underbrace{x \times \frac{90}{60}}_{\text{帰りの距離}}$$

であるので，x についての方程式

$$\frac{7}{6}(x+4) = \frac{3}{2}x$$

が立式できる．この方程式を解こう．両辺を 6 倍し，

$$7(x+4) = 9x.$$
$$7x + 28 = 9x.$$
$$2x = 28.$$
$$x = 14.$$

したがって，

$$(\text{AB 間の距離}) = 21\ (\text{km}).$$

練習 17

(1) 汲み出した食塩水の量を x g とする．濃度が 10 ％の食塩水 $(100-x)$g に水 $2x$ g を混ぜた $(100+x)$g の食塩水の濃度が 6 ％になることから，食塩の量に注目すると，

$$(100-x) \times \frac{10}{100} = (100+x) \times \frac{6}{100}$$

より，

$$5(100-x) = 3(100+x).$$
$$500 - 5x = 300 + 3x.$$
$$8x = 200.$$

これより，$x = 25$ とわかる．したがって，汲み出した食塩水の量は 25 g である．
(注意)　水だけ入れても食塩の量は当然変わらない．

はじめ	食塩水 40g $\begin{cases} 濃さ：3\,\% \\ 食塩：\dfrac{6}{5}\text{g} \end{cases}$	食塩水 50g $\begin{cases} 濃さ：12\,\% \\ 食塩：6\text{g} \end{cases}$
x g 蒸発後	食塩水 $(40-x)$g $\begin{cases} 濃さ：?\,\% \\ 食塩：\dfrac{6}{5}\text{g} \end{cases}$	食塩水 $(50-x)$g $\begin{cases} 濃さ：??\,\% \\ 食塩：6\text{g} \end{cases}$

x g ずつ蒸発させ混ぜ合わせた後の食塩の量に着目すると，

$$\frac{6}{5}+6 = \left\{(40-x)+(50-x)\right\} \times \frac{10}{100}$$

つまり

$$\frac{36}{5} = (90-2x) \times \frac{1}{10}$$

が成り立つことがわかる．この両辺に 10 をかけ，

$$72 = 90 - 2x.$$

$$2x = 18.$$

$$x = 9.$$

したがって，それぞれから蒸発させた水の量は 9 g である．

(注意)　水を蒸発させても食塩の量は当然変わらない．

練習 18　あらかじめ，

$$\frac{1}{3}x - \frac{2}{5}y + 1 = \frac{-2x+3y}{4} - 1 \qquad \cdots (\bigstar)$$

を変形して，整理しておく．まず，分母を払うために，60 を両辺にかけて，

$$20x - 24y + 60 = 15(-2x+3y) - 60.$$

$$20x - 24y + 60 = -30x + 45y - 60.$$

$$50x = 69y - 120. \qquad \cdots (\bigstar)'$$

(1) $(x, y) = (-2.4,\, 0)$ は $(\bigstar)'$ を満たすことから，$(\bigstar)$ の解である．

(2) $(x, y) = \left(\dfrac{7}{3},\, -\dfrac{9}{2}\right)$ は $(\bigstar)'$ を満たさないことから，$(\bigstar)$ の解でない．

(3) $(x, y) = (-30,\, -20)$ は $(\bigstar)'$ を満たすことから，$(\bigstar)$ の解である．

(4) $(x, y) = (78,\, -4)$ は $(\bigstar)'$ を満たさないことから，$(\bigstar)$ の解でない．

(5) $(x, y) = (108,\, 80)$ は $(\bigstar)'$ を満たすことから，$(\bigstar)$ の解である．

練習 19　**自分の求めた解が正しいかどうかは代入計算で確かめられる!**　連立方程式を解いた際には，"吟味"を習慣付けよう!

(1) $\begin{cases} y = 2x - 1, & \cdots ① \\ y - 3x = 4 & \cdots ② \end{cases}$　について，②に①を代入して，

$$(2x - 1) - 3x = 4.$$
$$2x - 1 - 3x = 4.$$
$$-x - 1 = 4.$$
$$x = -5$$

①により，
$$y = 2 \cdot (-5) - 1 = -11.$$

よって，求める解は $(x, y) = (-5, -11)$.

(2) $\begin{cases} 5x + y = -7, & \cdots ① \\ 6x - 2y = -2 & \cdots ② \end{cases}$　について，①より，

$$y = -5x - 7 \qquad\qquad \cdots ①'$$

であり，これを②を代入して，

$$6x - 2(-5x - 7) = -2.$$
$$3x - (-5x - 7) = -1.$$
$$8x + 7 = -1.$$
$$8x = -8.$$
$$x = -1.$$

これを ①' に代入して，
$$y = -2.$$

よって，求める解は $(x, y) = (-1, -2)$.

(3) $\begin{cases} 4x - 3y = 16, & \cdots ① \\ 2x - y = 6 & \cdots ② \end{cases}$　について，②より，

$$y = 2x - 6 \qquad\qquad \cdots ②'$$

であり，これを①を代入して，

$$4x - 3(2x - 6) = 16.$$
$$4x - 6x + 18 = 16.$$
$$-2x + 18 = 16.$$
$$2x = 2.$$

(4) $\begin{cases} y = 2x+3, & \cdots ① \\ 6y - 5(2x+3) = 2 & \cdots ② \end{cases}$　について，①により，②の $2x+3$ を y に取り替えて，

$$6y - 5y = 2$$

より

$$y = 2.$$

①より，

$$x = \frac{y-3}{2}$$

であり，これに $y = 2$ を代入して，

$$x = \frac{2-3}{2} = -\frac{1}{2}$$

とわかる．よって，求める解は $(x, y) = \left(-\dfrac{1}{2},\, 2\right)$．

(5) $\begin{cases} 3x + y + 7 = 0, & \cdots ① \\ 2x = 4y - 6 & \cdots ② \end{cases}$　について，②の両辺を 2 で割ることにより，

$$x = 2y - 3 \qquad\qquad\qquad \cdots ②'$$

が得られ，これを①に代入して，

$$3(2y - 3) + y + 7 = 0.$$
$$6y - 9 + y + 7 = 0.$$
$$7y - 2 = 0.$$
$$7y = 2.$$
$$y = \frac{2}{7}.$$

②′ により，

$$x = 2 \cdot \frac{2}{7} - 3 = -\frac{17}{7}.$$

よって，求める解は $(x, y) = \left(-\dfrac{17}{7},\, \dfrac{2}{7}\right)$．

練習 20 　**自分の求めた解が正しいかどうかは代入計算で確かめられる！** 　連立方程式を解いた後には，"吟味" を習慣付けよう！

以下の解答では，x, y をともに消去法で求めているが，一方の未知数が求まれば，代入することでもう一方の未知数を求めることもできる．

(1) $\begin{cases} x+y=5, & \cdots① \\ x-y=3 & \cdots② \end{cases}$ について, ①＋② により, y を消去すると,

$$2x = 8$$

より,

$$x = 4.$$

また, ①－② により, x を消去すると,

$$2y = 2$$

より,

$$y = 1.$$

よって, 求める解は $(x, y) = (4, 1)$.

(2) $\begin{cases} 2x+y=8, & \cdots① \\ x-2y=4 & \cdots② \end{cases}$ について, ①×2＋② により, y を消去すると,

$$5x = 20$$

より,

$$x = 4.$$

また, ①－②×2 により, x を消去すると,

$$5y = 0$$

より,

$$y = 0.$$

よって, 求める解は $(x, y) = (4, 0)$.

(3) $\begin{cases} 3x+2y=4, & \cdots① \\ 2x-3y=7 & \cdots② \end{cases}$ について, ①×3＋②×2 により, y を消去すると,

$$13x = 26$$

より,

$$x = 2.$$

また, ①×2－②×3 により, x を消去すると,

$$13y = -13$$

より,

$$y = -1.$$

よって, 求める解は $(x, y) = (2, -1)$.

(4) $\begin{cases} x+2y=-2, & \cdots① \\ -x+y=5 & \cdots② \end{cases}$　について，①＋② により，x を消去すると，

$$3y = 3$$

より，

$$y = 1.$$

また，①－②×2 により，y を消去すると，

$$3x = -12$$

より，

$$x = -4.$$

よって，求める解は $(x, y) = (-4, 1)$.

(5) $\begin{cases} x-y=7, & \cdots① \\ 3x+y=5 & \cdots② \end{cases}$　について，①＋② により，y を消去すると，

$$4x = 12$$

より，

$$x = 3.$$

また，①×3－② により，x を消去すると，

$$-4y = 16$$

より，

$$y = -4.$$

よって，求める解は $(x, y) = (3, -4)$.

(6) $\begin{cases} 4x-3y=5, & \cdots① \\ 2x+3y=7 & \cdots② \end{cases}$　について，①＋② により，y を消去すると，

$$6x = 12$$

より，

$$x = 2.$$

また，①－②×2 により，x を消去すると，

$$-9y = -9$$

より，

$$y = 1.$$

よって，求める解は $(x, y) = (2, 1)$.

(7) $\begin{cases} x - 5y = 11, & \cdots ① \\ x + y = -1 & \cdots ② \end{cases}$ について，①＋②×5 により，y を消去すると，

$$6x = 6$$

より，

$$x = 1.$$

また，① − ② により，x を消去すると，

$$-6y = 12$$

より，

$$y = -2.$$

よって，求める解は $(x, y) = (1, -2)$.

(8) $\begin{cases} 5x - 2y = 4, & \cdots ① \\ 2x - 3y = -5 & \cdots ② \end{cases}$ について，①×3 − ②×2 により，y を消去すると，

$$11x = 22$$

より，

$$x = 2.$$

また，①×2 − ②×5 により，x を消去すると，

$$11y = 33$$

より，

$$y = 3.$$

よって，求める解は $(x, y) = (2, 3)$.

(9) $\begin{cases} 3x - 7y = -2, & \cdots ① \\ 6x - 5y = 14 & \cdots ② \end{cases}$ について，①×5 − ②×7 により，y を消去すると，

$$-27x = -108$$

より，

$$x = 4.$$

また，①×2 − ② により，x を消去すると，

$$-9y = -18$$

より，

$$y = 2.$$

よって，求める解は $(x, y) = (4, 2)$.

(10)
$\begin{cases} 2x+3y=2, & \cdots ① \\ 3x+4y=3 & \cdots ② \end{cases}$
について，①×4−②×3 により，y を消去すると，

$$-x = -1$$

より，

$$x = 1.$$

また，①×3−②×2 により，x を消去すると，

$$y = 0.$$

よって，求める解は $(x, y) = (1, 0)$.

(注意)　$x = 1$ から直ちに $y = 0$ はわかる．勘が鋭いと，$(x, y) = (1, 0)$ もパッとわかる．

練習 21

(1)
$\begin{cases} 0.2(x+2y)=0.3x+0.2y, & \cdots ① \\ 0.3(x-y)=1.2-(0.2x-0.1y) & \cdots ② \end{cases}$
として，まずは，①式，②式をそれぞれ簡単
な形にする．

①×10 により，

$$2(x+2y) = 3x+2y.$$

$$2x+4y = 3x+2y.$$

$$x = 2y. \qquad\qquad \cdots ①'$$

②×10 により，

$$3(x-y) = 12-(2x-y).$$

$$3x-3y = 12-2x+y.$$

$$5x-4y = 12. \qquad\qquad \cdots ②'$$

②′ に ①′ を代入して，

$$5\cdot 2y-4y = 12.$$

$$6y = 12.$$

$$y = 2.$$

①′ により，

$$x = 2\cdot 2 = 4.$$

よって，求める解は

$$(x, y) = (4, 2).$$

(2) $\begin{cases} \dfrac{x-11}{3} - y = 1, & \cdots ① \\ 10x - \dfrac{y+21}{2} = 41 & \cdots ② \end{cases}$　として，まずは，①式，②式をそれぞれ簡単な形にする．

①×3 により，

$$(x-11) - 3y = 3.$$

$$x = 3y + 14. \qquad\qquad \cdots①'$$

②×2 により，

$$20x - (y+21) = 82.$$

$$20x - y - 21 = 82.$$

$$y = 20x - 103. \qquad\qquad \cdots②'$$

②′ に ①′ を代入して，

$$y = 20(3y + 14) - 103.$$

$$y = 60y + 280 - 103.$$

$$59y = -177.$$

$$y = -3.$$

①′ により，

$$x = 3 \cdot (-3) + 14 = 5.$$

よって，求める解は

$$(x, y) = (5, -3).$$

(3) $\begin{cases} 0.3x - 0.2y = 0.1, & \cdots ① \\ \dfrac{5x+y}{2} = 9.5 & \cdots ② \end{cases}$　として，まずは，①式，②式をそれぞれ簡単な形にする．

①×10 により，

$$3x - 2y = 1. \qquad\qquad \cdots①'$$

②×2 により，

$$5x + y = 19. \qquad\qquad \cdots②'$$

①′ かつ ②′ の連立方程式を解くことに帰着される．
②′ を

$$y = 19 - 5x$$

と変形し，これを ①′ を代入して，

$$3x - 2(19 - 5x) = 1.$$

$$3x - 38 + 10x = 1.$$

$$13x = 39.$$

$$x = 3.$$

これより,
$$y = 19 - 5 \cdot 3 = 4.$$

よって, 求める解は
$$(x, y) = (3, 4).$$

(4) $\begin{cases} 0.3x - 0.5(y+1) = 2.6, & \cdots ① \\ 0.8(x-2) + 1.5y = 1 & \cdots ② \end{cases}$ として, まずは, ①式, ②式をそれぞれ簡単な形にする.

①×10 により,
$$3x - 5(y+1) = 26.$$
$$3x - 5y - 5 = 26.$$
$$3x - 5y = 31. \qquad\qquad\qquad \cdots ①'$$

②×10 により,
$$8(x-2) + 15y = 10.$$
$$8x - 16 + 15y = 10.$$
$$8x + 15y = 26. \qquad\qquad\qquad \cdots ②'$$

①' かつ ②' の連立方程式を解くことに帰着される.
①'×3 + ②' により y を消去して,
$$17x = 119.$$
$$x = 7.$$

これを ①' に代入して,
$$3 \times 7 - 5y = 31$$

より,
$$5y = -10.$$

ゆえに,
$$y = -2.$$

よって, 求める解は
$$(x, y) = (7, -2).$$

(5) $\begin{cases} \dfrac{x}{3} - \dfrac{y-7}{6} = -1, & \cdots ① \\ \dfrac{x-5}{4} + 2y = \dfrac{7}{2} & \cdots ② \end{cases}$ として, まずは, ①式, ②式をそれぞれ簡単な形にする.

①×6 により,
$$2x - (y-7) = -6.$$
$$2x - y + 7 = -6.$$

$$y = 2x + 13. \qquad \cdots ①'$$

②×4 により,

$$(x - 5) + 8y = 14.$$

$$x + 8y = 19. \qquad \cdots ②'$$

①′ かつ ②′ の連立方程式を解くことに帰着される.

①′ を ②′ に代入して,

$$x + 8(2x + 13) = 19.$$

$$x + 16x + 104 = 19.$$

$$17x = -85.$$

$$x = -5.$$

これを ①′ に代入して,

$$y = 2 \cdot (-5) + 13 = 3.$$

よって, 求める解は

$$(x, y) = (-5, 3).$$

【練習 22】

(1) $3x + 7y = 4y - x = -5x + 2y + 4$ を

$$\begin{cases} 3x + 7y = 4y - x, & \cdots ① \\ 4y - x = -5x + 2y + 4 & \cdots ② \end{cases}$$

とみる. ①より,

$$4x = -3y. \qquad \cdots ①'$$

②より,

$$4x = 4 - 2y. \qquad \cdots ②'$$

①′, ②′ により, $4x$ を消去して,

$$4 - 2y = -3y.$$

$$y = -4.$$

①′ (あるいは ②′) により,

$$x = 3.$$

よって, 求める解は

$$(x, y) = (3, -4).$$

(2) $6x - y = 3x + 5y + 18 = -4x + 3y - 20$ を

$$\begin{cases} 6x - y = 3x + 5y + 18, & \cdots ① \\ 3x + 5y + 18 = -4x + 3y - 20 & \cdots ② \end{cases}$$

とみる．①より，

$$3x = 6y + 18.$$

両辺を 3 で割って，

$$x = 2y + 6. \qquad \cdots ①'$$

②より，

$$7x + 2y = -38.$$

これに ①′ を代入して，

$$7(2y + 6) + 2y = -38.$$

$$16y = -80.$$

$$y = -5.$$

①′ により，

$$x = 2 \cdot (-5) + 6 = -4.$$

よって，求める解は

$$(x, y) = (-4, -5).$$

(3) $\dfrac{2x - 4y + 1}{3} = \dfrac{3x + y - 8}{4} = \dfrac{-x - 3y - 6}{5}$ を

$$\begin{cases} \dfrac{2x - 4y + 1}{3} = \dfrac{3x + y - 8}{4}, & \cdots ① \\[2mm] \dfrac{3x + y - 8}{4} = \dfrac{-x - 3y - 6}{5} & \cdots ② \end{cases}$$

とみる．①の両辺を 12 倍して，

$$4(2x - 4y + 1) = 3(3x + y - 8).$$

$$8x - 16y + 4 = 9x + 3y - 24.$$

$$x = -19y + 28. \qquad \cdots ①'$$

②の両辺を 20 倍して，

$$5(3x + y - 8) = 4(-x - 3y - 6).$$

$$15x + 5y - 40 = -4x - 12y - 24.$$

$$19x = -17y + 16.$$

これに ①′ を代入して，

$$19(-19y + 28) = -17y + 16.$$

$$-361y + 532 = -17y + 16.$$

$$(361-17)y = 532-16.$$

$$344y = 516.$$

$$y = \frac{516}{344} = \frac{3}{2}.$$

①′ により,

$$x = -19 \cdot \frac{3}{2} + 28 = -\frac{1}{2}.$$

よって, 求める解は

$$(x, y) = \left(-\frac{1}{2}, \frac{3}{2}\right).$$

(4) $\dfrac{4x+5y-6}{2} = \dfrac{2x+7y-4}{3} = \dfrac{-11+3x-4y}{-4}$ を

$$\begin{cases} \dfrac{4x+5y-6}{2} = \dfrac{2x+7y-4}{3}, & \cdots① \\ \dfrac{4x+5y-6}{2} = \dfrac{-11+3x-4y}{-4} & \cdots② \end{cases}$$

とみる. ①の両辺を 6 倍して,

$$3(4x+5y-6) = 2(2x+7y-4).$$

$$12x+15y-18 = 4x+14y-8.$$

$$8x+y = 10.$$

$$y = -8x+10. \qquad \cdots①′$$

②の両辺を 4 倍して,

$$2(4x+5y-6) = -(-11+3x-4y).$$

$$8x+10y-12 = 11-3x+4y.$$

$$11x+6y = 23.$$

これに ①′ を代入して,

$$11x+6(-8x+10) = 23.$$

$$60-37x = 23.$$

$$37x = 37.$$

$$x = 1.$$

①′ により,

$$y = 2.$$

よって, 求める解は

$$(x, y) = (1, 2).$$

練習 23

(1) $\begin{cases} \dfrac{1}{x+3} + \dfrac{1}{y} = 0, \\ \dfrac{3}{y} - \dfrac{1}{x+3} = 5 \end{cases}$ は $\dfrac{1}{x+3} = X$, $\dfrac{1}{y} = Y$ とおくことで, $\begin{cases} X+Y = 0, \\ 3Y - X = 5 \end{cases}$ と表せる.

辺々足すと, X が消去でき, $4Y = 5$ から $Y = \dfrac{5}{4}$ とわかる. それゆえ, $X = -Y = -\dfrac{5}{4}$ である. したがって,

$$x + 3 = \frac{1}{X} = -\frac{4}{5}, \quad y = \frac{1}{Y} = \frac{4}{5}$$

であるから, 求める x, y は

$$x = -\frac{4}{5} - 3 = -\frac{19}{5}, \qquad y = \frac{4}{5}.$$

(2) $\begin{cases} \dfrac{1}{x+2y} - 3y = 0, \\ \dfrac{2}{x+2y} + y = 1 \end{cases}$ は $\dfrac{1}{x+2y} = a$ とおくことで, $\begin{cases} a - 3y = 0, \\ 2a + y = 1 \end{cases}$ と表せる. $a = 3y$ から

$2 \cdot (3y) + y = 1$, つまり, $7y = 1$ により, $y = \dfrac{1}{7}$ とわかる. それゆえ, $a = 3y = \dfrac{3}{7}$ である. したがって,

$$x + 2y = \frac{1}{a} = \frac{7}{3}$$

であるから,

$$x = \frac{7}{3} - 2y = \frac{7}{3} - 2 \cdot \frac{1}{7} = \frac{49 - 6}{21} = \frac{43}{21}.$$

したがって, 求める x, y は

$$x = \frac{43}{21}, \qquad y = \frac{1}{7}.$$

(3) $\begin{cases} \dfrac{2}{x+y} + \dfrac{3}{x-y} = 3, \\ \dfrac{9}{x-y} - \dfrac{5}{x+y} = -2 \end{cases}$ は $\dfrac{1}{x+y} = a$, $\dfrac{1}{x-y} = b$ とおくことで, $\begin{cases} 2a + 3b = 3, & \cdots ① \\ 9b - 5a = -2 & \cdots ② \end{cases}$

と表せる. ① × 3 − ② により b を消去すると, $11a = 11$ から $a = 1$ とわかる. それゆえ, $b = \dfrac{1}{3}$ である. したがって,

$$x + y = \frac{1}{a} = 1, \qquad x - y = \frac{1}{b} = 3$$

であり, これを満たす x と y を求めることで, 求める x, y は

$$x = \frac{1+3}{2} = 2, \qquad y = \frac{1-3}{2} = -1.$$

練習 24

(1) $\begin{cases} x + y = 8, & \cdots ① \\ y + z = 7, & \cdots ② \\ z + x = 5 & \cdots ③ \end{cases}$ に対して, ① + ② + ③ より,

$$2x + 2y + 2z = 8 + 7 + 5$$

つまり

$$2(x+y+z) = 20.$$

両辺を 2 で割って，

$$x+y+z = 10.$$

すると，②より，$x=3$ とわかり，③より，$y=5$ とわかり，①より，$z=2$ とわかる．したがって，求める解は $(x, y, z) = (3, 5, 2)$ である．

(注意)　次のように解いてもよい．①を $y=8-x$ と変形し，③を $z=5-x$ と変形し，これらを②に代入すると，

$$(8-x)+(5-x) = 7.$$

$$2x = 6.$$

$$x = 3.$$

これより，$y = 8-x = 8-3 = 5$，$z = 5-x = 5-3 = 2$．

(参考)　この方程式は次の長さ x, y, z を求める際によく出てくる (Ravi 変換と呼ばれる).

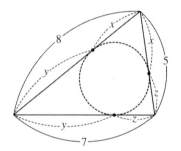

(2) $\begin{cases} x+2y = 2y-3z = 1, \\ x+2y+z = 0 \end{cases}$ を $\begin{cases} x+2y = 2y-3z, & \cdots ① \\ 2y-3z = 1, & \cdots ② \\ x+2y+z = 0 & \cdots ③ \end{cases}$ と捉える．まず，①により，

$$x = -3z$$

が得られる．また，②により，

$$2y = 3z+1.$$

これらを③に代入して，

$$(-3z)+(3z+1)+z = 0.$$

これより，

$$z = -1$$

とわかる．すると，$x = -3 \times (-1) = 3$ であり，$2y = 3 \times (-1)+1 = -2$ より，$y = -1$ とわかる．よって，求める解は $(x, y, z) = (3, -1, -1)$ である．

(3) $\begin{cases} 2x+y-z=5, & \cdots ① \\ 3x-2y+5z=4, & \cdots ② \\ 2x-y+z=3 & \cdots ③ \end{cases}$　に対して，①＋③ を考えると，y と z がともに消え，

$$4x=8$$

が得られることから，

$$x=2$$

とわかる．すると，②は

$$-2y+5z=-2 \qquad \cdots ②'$$

となり，①(あるいは③) は

$$y-z=1$$

となるので，これら y と z の連立方程式を解けばよい．$y=z+1$ を ②$'$ に代入して，

$$-2(z+1)+5z=-2.$$

$$-2z-2+5z=-2.$$

$$3z=0.$$

$$z=0.$$

ゆえに，$y=1$ とわかる．
したがって，求める解は $(x,y,z)=(2,1,0)$ である．

練習 25

(1) もとの 2 桁の整数の十の位の数を X，一の位の数を Y とすると，もとの 2 桁の整数の値は $10X+Y$ と表せる．「その整数の 2 倍は，十の位の数と一の位の数の和の 5 倍に等しい」ことから，

$$(10X+Y)\times 2=(X+Y)\times 5 \qquad \cdots ①$$

が成り立つ．また，「十の位の数と一の位の数を入れ替える $\left(\boxed{X}\,\boxed{Y} \longrightarrow \boxed{Y}\,\boxed{X}\right)$ と，もとの数より 36 大きくなる」ことから，

$$10Y+X=(10X+Y)+36 \qquad \cdots ②$$

である．あとは X と Y についての連立方程式①かつ②を解けばよい！
①より，

$$20X+2Y=5X+5Y.$$

$$15X=3Y.$$

$$5X=Y.$$

②より，

$$9Y=9X+36.$$

139

$$Y = X + 4.$$

したがって，

$$5X = X + 4$$

より

$$X = 1.$$

ゆえに，

$$Y = 5.$$

したがって，もとの 2 桁の整数の値 $10X + Y$ は

$$15$$

である．

(2) もとの 3 桁の整数の百の位の数を A，十の位の数を B，一の位の数を C とする．
この 3 桁の整数の値は $100A + 10B + C$ である．
いちばん左にある数字をいちばん右に移した数 $\left(\boxed{A}\,\boxed{B}\,\boxed{C} \longrightarrow \boxed{B}\,\boxed{C}\,\boxed{A} \right)$ の値は，
$100B + 10C + A$ であり，「これはもとの数より 45 小さい」ことから，

$$100B + 10C + A = (100A + 10B + C) - 45. \qquad \cdots ①$$

また，「百の位の数の 9 倍は十の位と一の位の数字からなる 2 桁の数より 3 だけ小さい」
ことから，

$$9A = (10B + C) - 3. \qquad \cdots ②$$

ここで，$10B + C = X$ とおく．すると，$100B + 10C = 10(10B + C) = 10X$ であることから，
①は

$$10X + A = (100A + X) - 45 \qquad \cdots ①'$$

と表せ，②は

$$9A = X - 3 \qquad \cdots ②'$$

と表せる．
A と X の連立方程式 ①$'$ かつ ②$'$ を解こう．
①$'$ より，

$$9X = 99A - 45.$$

両辺を 9 で割って，

$$X = 11A - 5.$$

これを ②$'$ に代入して，

$$9A = (11A - 5) - 3.$$

$$2A = 8.$$

$$A = 4.$$

これより,

$$X = 11 \times 4 - 5 = 39.$$

したがって, もとの 3 桁の整数 $100A + 10B + C = 100A + X$ の値は

$$439$$

である.

(3) 30〜39 のうち選んだ数の一の位の数を a とおく. a は 0, 1, 2, $\cdots$, 9 のいずれかであり, 選んだ数は $30 + a$ と表せる.

さらに, Y さんの誕生月を b 月だとしよう. b は 1, 2, $\cdots$, 12 のいずれかである. 指示された計算すると,

$$3 + a + b \quad \longrightarrow \quad (30 + a) - (3 + a + b) = 27 - b$$

となる. Y さんが答えた数は $27 - b$ であり, これが 23 であることから, D さんは $b = 4$, つまり, Y さんが 4 月生まれであることがわかったのである.

(注意) 2 つの未知数 a, b が登場するが, 指示された計算では, 「a」は消えてしまい, b だけの情報が残るのである. したがって, Y さんが最初に選んだ数が 37 なのか 32 なのかということはわからない. それ (a) がわからなくても何月生まれか (b) はわかるというのがこの話のオチである.

練習 26

(1) 現在の父親の年齢を x 才, 子どもの年齢を y 才とする. 条件から,「現在, 父親の年齢は, 子どもの年齢の 3 倍より 1 歳若い」ことから,

$$x = 3y - 1 \qquad \cdots ①$$

であり,「今から 12 年後には, 父親の年齢が子どもの年齢の 2 倍になる」ことから,

$$x + 12 = (y + 12) \times 2 \qquad \cdots ②$$

である. この 2 つの未知数 x と y に関する連立方程式①かつ②を解こう.
②に①を代入すると,

$$(3y - 1) + 12 = 2(y + 12)$$

より

$$3y + 11 = 2y + 24.$$

$$y = 13.$$

これより, $x = 3 \times 13 - 1 = 38$.
ゆえに, 現在の父親の年齢は 38 才, 子どもの年齢は 13 才である.

(2) 最初の水槽 A，B の水の量をそれぞれ a リットル，b リットルとする．「B には A より 6 リットル少ない水が入っている」ことから，

$$b = a - 6 \qquad \cdots ①$$

である．また，最後に水槽 A に加えた水の量を c リットルとすると，「両方の水槽に新たに合わせて 60 リットルの水を加えた」ことから，最後に水槽 B に加えた水の量は $(60-c)$ リットルと表せる．

	水槽 A	水槽 B
はじめ	a (リットル)	b (リットル)
B の $\dfrac{4}{5}$ を捨てた後	a	$\dfrac{b}{5}$
A の $\dfrac{1}{2}$ を取り出し，その $\dfrac{1}{2}$ を B へ	$\dfrac{a}{2}$	$\dfrac{b}{5}+\dfrac{a}{4}$
最後に水を加える	$\dfrac{a}{2}+c$	$\dfrac{b}{5}+\dfrac{a}{4}+(60-c)$

最終的に「A，B とも最初の A の水の量と同じになった」ことから，

$$\begin{cases} \dfrac{a}{2}+c=a, & \cdots ② \\[2mm] \dfrac{b}{5}+\dfrac{a}{4}+(60-c)=a & \cdots ③ \end{cases}$$

②より，

$$c = \frac{a}{2}$$

であり，これと①を③へ代入すると，

$$\frac{a-6}{5}+\frac{a}{4}+60-\frac{a}{2}=a.$$

20 倍して，

$$4(a-6)+5a+1200-10a=20a.$$

$$4a-24+5a+1200-10a=20a.$$

$$21a=1176.$$

$$a=56.$$

$b=56-6=50$ であり，$c=28$ であることもわかる．

よって，最初の水槽 A の水の量は 56 リットル，水槽 B の水の量は 50 リットルである．

(注意)　最終的に A の水の量が最初の a に戻ったことから，最後に水槽 A に入れた水の量は $a-\dfrac{a}{2}=\dfrac{a}{2}$ とわかる．すると，c とおいた部分は a を用いた式で考えることもでき，2 文字 a と b だけで解けばよくなる．さらには「B には A より 6 リットル少ない水が入っている」ことから，b が $a-6$ と表せるので，b も使わずに a だけで記述しようと思えばでき

なくはない．しかし，途中式の計算が煩雑になったりするので，式の見やすさなども考慮しながら文字をおくのがよいであろう．計算力に自信があって，見通しの良さを重視する解法が好みの人は，a のみで方程式を立式して解いてもよい．

練習 27

(1) 列車の長さを x m，列車の速さを毎秒 y m とする．「250m の鉄橋を渡り始めてから渡り終わるまでに 25 秒かかる」ことから，

$$250 + x = 25y \qquad \cdots ①$$

が成り立つ．また，「1070m のトンネルを通過するとき，完全にかくれていたのは 35 秒であった」ことから，

$$1070 - x = 35y \qquad \cdots ②$$

が成り立つ．① ＋ ② により x を消去すると，

$$1320 = 60y.$$

よって，

$$y = 22.$$

これより，①（あるいは②）から，

$$x = 300 .$$

したがって，列車の速さは毎秒 22m であり，列車の長さは 300m である．

(2) 通常のときの川の流れの速さを毎時 x km，AB 間の距離を L km とし，静水時での船の速さを毎時 y km とする．「通常は，上りに 1 時間 30 分，下りに 1 時間で運行している」ことから，

$$(y - x) \times 1.5 = L, \qquad \cdots ①$$
$$(y + x) \times 1 = L \qquad \cdots ②$$

が成り立つ．また，「流れの速さが毎時 1km 増えたため，上りに 6 分余計にかかった（つまり，1 時間 36 分 ＝ 1.6 時間かかった）」ことから，

$$\{y - (x + 1)\} \times 1.6 = L \qquad \cdots ③$$

が成り立つ．①，②，③を x, y, L を未知数とする連立方程式として解こう．まず，①，②により，

$$x + y = \frac{3}{2}(y - x).$$
$$2(x + y) = 3(y - x).$$
$$2x + 2y = 3y - 3x.$$
$$y = 5x. \qquad \cdots ④$$

また，②，③により，

$$x+y = \frac{8}{5}(y-x-1).$$

$$5(x+y) = 8(y-x-1).$$

$$5x+5y = 8y-8x-8.$$

$$13x = 3y-8. \qquad \cdots ⑤$$

④，⑤により，

$$13x = 3\cdot 5x-8.$$

$$13x = 15x-8.$$

$$2x = 8.$$

$$x = 4.$$

これより，$y=20$，$L=24$.

ゆえに，通常のときの川の流れの速さは毎時 4km である．また，AB 間の距離は 24km である．

(3) 太郎さんの家から公園までの距離を xm，花子さんの家から公園までの距離を ym とする．
「同時にそれぞれの家を出発すると，太郎さんは公園に着いてから花子さんが到着するまでに 3 分間待つことになる」ことから，

$$\frac{x}{70}+3 = \frac{y}{60}. \qquad \cdots ①$$

また，後半の条件から，花子さんが家を出てから，追いかけてきた太郎さんと出会うまでの時間に着目すると，

$$\frac{1120}{70}+10 = \frac{y}{60}+6+\frac{1120-x}{60} \qquad \cdots ②$$

が成り立つ．①，②により，y を消去して，

$$\frac{1120}{70}+10 = \frac{x}{70}+3+6+\frac{1120-x}{60}.$$

$$16+10 = \frac{x}{70}+3+6+\frac{56}{3}-\frac{x}{60}.$$

$$\left(\frac{1}{60}-\frac{1}{70}\right)x = \frac{56}{3}+9-26.$$

$$\frac{1}{420}x = \frac{5}{3}.$$

$$x = \frac{5}{3}\times 420 = 700.$$

これより，$y=780$ とわかるので，花子さんの家と太郎さんの家の距離は

$$x+y = 700+780 = 1480\,(\mathrm{m})$$

である．

練習 28

(1) もとの 11 ％の食塩水が x g，8 ％の食塩水が y g あったとすると，

$$x+y=600 \qquad \cdots ①$$

である．また，「11 ％の食塩水から 50g の水分を蒸発させたものと，8 ％の食塩水に 80g の水を加えたものを混ぜ合わせたら 10 ％の食塩水ができた」ことから，$(x-50+y+80)$ g の食塩水に含まれる塩の量の注目すると，

$$\underbrace{x \times \frac{11}{100}}_{\text{水が蒸発しても塩は減らない}} +y \times \frac{8}{100} = (x-50+y+80) \times \frac{10}{100}$$

が成り立つ．この両辺に 100 をかけ，

$$11x+8y = 10(x+y+30).$$
$$11x+8y = 10x+10y+300.$$
$$x = 2y+300. \qquad \cdots ②$$

①，②により，

$$(2y+300)+y = 600.$$
$$3y = 300.$$
$$y = 100.$$

これより，$x=500$ であり，もとの 11 ％の食塩水が 500 g，8 ％の食塩水が 100 g あったことがわかる．

(2) 食塩水 A の濃度を a ％，食塩水 B の濃度を b ％とする．「A から 100g，B から 200g 取り出して混ぜると 10 ％の食塩水になった」ことから，

$$\frac{\frac{a}{100} \cdot 100 + \frac{b}{100} \cdot 200}{100+200} = \frac{10}{100} \qquad \cdots ①$$

が成り立つ．また，「A から 200g，B から 100g 取り出して混ぜると 12 ％の食塩水になった」ことから，

$$\frac{\frac{a}{100} \cdot 200 + \frac{b}{100} \cdot 100}{200+100} = \frac{12}{100} \qquad \cdots ②$$

が成り立つ．①は

$$\frac{a+2b}{300} = \frac{10}{100}$$

つまり

$$a+2b = 30 \qquad \cdots ①'$$

と変形でき，また，②は

$$\frac{2a+b}{300} = \frac{12}{100}$$

つまり

$$2a + b = 36 \qquad\qquad \cdots ②'$$

と変形できる. ①$'$+②$'$ により,

$$3(a + b) = 66.$$

$$a + b = 22.$$

これと ②$'$ から $a = 14$, ①$'$ から, $b = 8$ とわかる.

したがって, A の濃度は 14 %, B の濃度は 8 % である.

練習 29

(1) $a \leqq 5b$.

(2) $\dfrac{a+b+c+d+e}{5} < r$.

(3) $x - \dfrac{a}{10} \times x > y \times \dfrac{b}{100}$.

(4) $ab < \dfrac{c}{1000}$.

(5) $17x + y > 1000$.

練習 30　$x < y$ であることと不等式の性質を考えながら 2 数の大小関係を調べよう.

(1) $x < y$ を両辺 3 (> 0) で割っても不等号の向きは変わらず,

$$\frac{x}{3} < \frac{y}{3}$$

である. この両辺に $-1\,(< 0)$ をかけると不等号の向きが逆転して,

$$-\frac{x}{3} > -\frac{y}{3}$$

となる. この両辺に 5 を加えても不等号の向きは変わらず,

$$5 - \frac{x}{3} > 5 - \frac{y}{3}.$$

(2) $x < y$ と $2 < 5$ により,

$$x - 5 < y - 2$$

である (当たり前). この不等式の両辺を 3 (> 0) で割っても不等号の向きは変わらず,

$$\frac{x-5}{3} < \frac{y-2}{3}.$$

(3) $x < y$ の両辺に 2 (> 0) をかけても不等号の向きは変わらず,

$$2x < 2y$$

である. さらに, $3 < 5$ であるから,

$$2x - 5 < 2y - 3$$

である (当たり前). この両辺を $-7\,(<0)$ で割ると不等号の向きが逆転して,

$$\frac{2x-5}{-7} > \frac{2y-3}{-7}.$$

これに 2 ずつ加えても不等号の向きは変わらず,

$$2+\frac{2x-5}{-7} > \frac{2y-3}{-7}+2.$$

練習 31

(1) $\dfrac{1}{2}-3\left\{\dfrac{x}{2}-\left(1-\dfrac{x}{5}\right)\right\} < \dfrac{3}{2}-\dfrac{x}{10}$ の両辺に 10 をかけ,

$$5-3\bigl\{5x-(10-2x)\bigr\} < 15-x.$$

$$5-3(7x-10) < 15-x.$$

$$5-21x+30 < 15-x.$$

$$20 < 20x.$$

$$1 < x.$$

(2) $\dfrac{3-4x}{2}-\dfrac{x}{6} \geqq \dfrac{3x-5}{4}+\dfrac{9}{2}$ の両辺に 12 をかけ,

$$6(3-4x)-2x \geqq 3(3x-5)+6\times 9.$$

$$18-24x-2x \geqq 9x-15+54.$$

$$-21 \geqq 35x.$$

$$-\frac{3}{5} \geqq x.$$

(3) $0.7+0.9(x-0.2) > 0.36+\dfrac{x}{2}$ の両辺に 100 をかけ,

$$70+9(10x-2) > 36+50x.$$

$$70+90x-18 > 36+50x.$$

$$40x > -16.$$

$$x > -\frac{2}{5}.$$

練習 32　「1 枚あたりの印刷代を 120 円以下とするには何枚以上注文すればよいか?」という問
である. まず, 50 枚の場合は一枚あたり

$$\frac{8000}{50} = 160$$

となり, 50 枚より少ないと 1 枚あたりの値段は 160 円より高くなってしまうので, 50 枚より
多く注文しなければならない. そこで, x を自然数として, $(50+x)$ 枚注文するとする. このと
, 支払う額は

$$8000+90x$$

円であることから，1 枚あたりの印刷代は

$$\frac{8000+90x}{50+x}$$

円と表せる．これを 120 以下にしたいわけであるから，x の条件は，

$$\frac{8000+90x}{50+x} \leqq 120 \qquad \cdots(\bigstar)$$

となる．この不等式を解こう．まず，両辺に $(50+x)$ という正の数をかけて，分母を払うと，

$$8000+90x \leqq 120(50+x)$$

となる．両辺を $10 \, (>0)$ で割って，

$$800+9x \leqq 12(50+x)$$

つまり

$$9x+800 \leqq 12x+600$$

を得る．これより，

$$200 \leqq 3x$$

であり，両辺を $3 \, (>0)$ で割って，

$$\frac{200}{3} \leqq x$$

を得る．$\dfrac{200}{3}=66+\dfrac{2}{3}$ であるので，自然数 x としては 67 以上の値であれば，$(\bigstar)$ が成り立ち 66 以下の値であれば，$(\bigstar)$ は成り立たない．したがって，最低で $50+67=117$ 枚注文すれば ． い．

4.2　第 3 章の解説

3.1　和差算

類題 1　最初の A 君の所持金を a 円，最初の B 君の所持金を b 円とする．条件から，

$$\begin{cases} a - 150 \times 2 - 250 = b + 250, \\ a = (b - 150) \times 2 \end{cases}$$

つまり

$$\begin{cases} a - 550 = b + 250, \\ a = 2b - 300 \end{cases}$$

が成り立つ．この a と b についての連立方程式を解けばよい．

a を消去して，

$$(2b - 300) - 550 = b + 250$$

より，

$$b = 1100.$$

これより，

$$a = 2200 - 300 = 1900.$$

よって，A 君は最初 1900 円，B 君は最初 1100 円持っていた．　　　　　　　　…(答)

類題2　はじめのA君，B君，C君の所持金をそれぞれ，a円，b円，c円とおく．条件から，

$$\begin{cases} b = 2a + 200, & \cdots① \\ c = b + 600 & \cdots② \end{cases}$$

である．また，A君が使った金額をx円とすると，使った額と残額は次の表のようになる．

	A君	B君	C君
はじめ	a	b	c
使った金額	x	$2x$	$6x$
残りの金額	$a-x$	$b-2x$	$c-6x$

条件から，

$$\begin{cases} b - 2x = 800, & \cdots③ \\ c - 6x = 2(a-x) & \cdots④ \end{cases}$$

である．そこでまず，①を③に代入すると，

$$2a + 200 - 2x = 800.$$

これより，

$$2(a-x) = 600$$

より，

$$a - x = 300. \qquad \cdots⑤$$

これより，A君の残金$a-x$は300円である．　　　　　←(1)の答

次に，①，②から，

$$c = 2a + 200 + 600 \qquad つまり \qquad c = 2a + 800$$

であり，これを④に代入して，⑤を用いると，

$$2a + 800 - 6x = 2 \times 300$$

より，

$$2(a - 3x) = -200.$$

両辺を2で割って，

$$a - 3x = -100. \qquad \cdots⑥$$

⑤－⑥により，aを消去して，

$$2x = 400.$$

ゆえに，

$$x = 200.$$

これより，A君が使った金額xは200円である．　　　　　←(2)の答

ゆえに，⑤から，$a = 500$である．
①により，はじめのB君の所持金bは1200円である．　　　　　←(3)の答

150

3.2　鶴亀算

類題 1 ｜　15g と 10g のおもりが x 個ずつあるとする．20 g のおもりが y 個とすると，おもりの個数の合計について，

$$y + x + x = 34$$

つまり

$$2x + y = 34 \qquad \cdots ①$$

であり，重さの合計について，

$$20y + 15x + 10x = 500$$

つまり

$$25x + 20y = 500 \qquad \cdots ②$$

である．この x と y についての連立方程式①かつ②を解けばよい．

②の両辺を 5 で割って，

$$5x + 4y = 100. \qquad \cdots ②'$$

①×4 － ②′ によって y を消去すると，

$$3x = 36.$$

よって，

$$x = 12$$

とわかり，①から，$y = 10$ とわかる．

したがって，20 g のおもりは 10 個ある． ⋯(答)

類題 2 ｜　3 行の文を書いた人が x 人いるとすると，1 行の文を書いた人は $3x$ 人おり，40 人のクラスであることから，2 行の文を書いた人は残りの $40 - (x + 3x) = 40 - 4x$ 人いることになる．

すべての行数の合計が，思い出が書かれた行とひとりひとりの文の間隔として $40 - 1 = 39$ 行との合計であることに注意すると，

$$1 \times 3x + 2 \times (40 - 4x) + 3 \times x + 39 = 107$$

が成り立つ．これより，

$$3x + 80 - 8x + 3x + 39 = 107.$$
$$-2x + 119 = 107.$$
$$2x = 12.$$
$$x = 6.$$

したがって，1 行の文を書いた人は $3x = 18$ 人，2 行の文を書いた人は $40 - 4x = 16$ 人いる．

⋯ (答)

3.3　年令算

類題 1　　花子の今の年令を x 才とすると，今の太郎の年令は $2x$ 才と表せる．20 年後の太郎の年令 $(2x+20)$ は 20 年後の花子の年令 $(x+20)$ の 1.2 倍であることから，x の方程式

$$2x + 20 = 1.2(x+20) \qquad \cdots ①$$

が立式できる．あとは，この方程式を解けばよい．①の両辺を 5 倍して，

$$5(2x+20) = 6(x+20).$$

$$10x + 100 = 6x + 120.$$

$$4x = 20.$$

$$x = 5.$$

したがって，太郎の今の年令は $2x = 10$ 才である． $\cdots$(答)

類題 2　　現在の長女，次女，三女の年齢はそれぞれ $4x,\ 3x,\ x$ とおくことができる．すると，現在の母の年齢は

$$(4x + 3x + x) \times 2 = 16x$$

と表せる．8 年後の条件から，

$$(4x+8) + (3x+8) + (x+8) = 16x + 8$$

つまり

$$8x + 24 = 16x + 8$$

が成り立つ．これより，

$$8x = 16.$$

よって，

$$x = 2$$

とわかる．したがって，現在の長女の年齢は $4x = 8$ 才である． $\cdots$ (答

類題 3　　長男，次男，三男の年令をそれぞれ $x,\ y,\ z$ とすると，母の年令は長男の年令 x の 3 倍であることから $3x$ と表せ，父の年令は次男の年令 y の 5 倍であることから $5y$ と表せる．
　家族 5 人の年令の和が 124 才となることから，

$$5y + 3x + x + y + z = 124$$

つまり

$$4x + 6y + z = 124 \qquad \cdots ◯$$

が成り立つ．また，三男の年令 z は長男の年令 x よりも 6 小さいことから，

$$z = x - 6 \qquad \cdots ②$$

であり，三男の年令 z は次男の年令 y よりも 2 小さいことから，

$$z = y - 2 \qquad \cdots ③$$

である．あとは，x, y, z の連立方程式①かつ②かつ③ を解けばよい．

②より，$x = z + 6$ であり，③より，$y = z + 2$ である．これらを①に代入して，

$$4(z+6) + 6(z+2) + z = 124.$$

$$11z + 36 = 124.$$

$$11z = 88.$$

$$z = 8.$$

これより，$x = 14$, $y = 10$ であり，父の現在の年令は $5y = 50$ 才である．　　　←─(1) の答

(2) 母の現在の年令は $3x = 42$ 才である．

両親の年令の和が 3 兄弟の年令の和の 2 倍になるのが t 年後であるとすると，

$$(50+t) + (42+t) = 2\{(14+t) + (10+t) + (8+t)\}$$

つまり

$$2t + 92 = 2(3t+32).$$

両辺を 2 で割って，

$$t + 46 = 3t + 32.$$

$$2t = 14.$$

$$t = 7.$$

ゆえに，両親の年令の和が 3 兄弟の年令の和の 2 倍になるのは

$$7 \text{ 年後.} \qquad ←─ (2) \text{ の答}$$

類題4　いまの長男の年齢を x とすると，いまの母の年齢は $2x$ と表せる．いまの次男の年齢を y，父の年齢を z とする．

「現在の家族全員の年令の和が 19 年後の母と長男と次男の年齢の和に等しい」ことから，

$$z + 2x + x + y = (2x+19) + (x+19) + (y+19)$$

つまり

$$3x + y + z = 3x + y + 57 \qquad \cdots ①$$

である．また，「6 年前は，父の年齢は長男と次男の年齢の和の 1.5 倍であった」ことから，

$$z - 6 = \{(x-6) + (y-6)\} \times 1.5$$

つまり

$$z - 6 = 1.5(x + y - 12) \qquad \cdots ②$$

である．さらに，「母が現在の父の年齢になったとき，家族全員の和は 181 才になる」ことから，今から $z - 2x$ 年後に，家族全員の和は 181 才になるので，

$$\underbrace{(3x + y + z)}_{\text{現在の 4 人の年齢の和}} + 4 \times (z - 2x) = 181$$

つまり

$$-5x + y + 5z = 181 \qquad \cdots ③$$

である．あとは，x, y, z の連立方程式①かつ②かつ③ を解けばよい．

①より，$z = 57$ とわかる． ← (1) の答

②の両辺を 2 倍し，

$$2(z - 6) = 3(x + y - 12).$$

$z = 57$ を代入し，

$$2 \times 51 = 3(x + y - 12).$$

両辺を 3 で割って，

$$2 \times 17 = x + y - 12.$$

$$x + y = 46. \qquad ← (2) \text{ の答}$$

これより，$y = 46 - x$ であり，$z = 57$ とともに③に代入すると，

$$-5x + (46 - x) + 5 \times 57 = 181.$$

$$-6x = 181 - 46 - 285.$$

$$6x = 285 + 46 - 181.$$

$$6x = 150.$$

$$x = 25.$$

(このとき，母の年齢は $2x = 50$ であり，父の年齢は $z = 57$ であるから，確かに母は父より若い．)
ゆえに，現在の次男の年齢 y は

$$y = 46 - x = 46 - 25 = 21 \qquad ← (3) \text{ の答}$$

才である．

3.4　過不足算・差集め算

類題 1　部屋数を x, 団体の人数を y とすると,

$$\begin{cases} 3x + 24 = y, \\ 4(x-5) = y \end{cases}$$

である. これより, y を消去すると,

$$3x + 24 = 4(x-5).$$

$$3x + 24 = 4x - 20.$$

$$x = 44.$$

ゆえに,

$$y = 156.$$

したがって, 旅館の部屋の数は 44(部屋) で, 団体の人数は 156(人) である.　　　…(答)

類題 2　次郎の方が歩数が多いわりに残りも長いので, 歩幅は次郎の方が小さい. 次郎の歩幅を x(cm/歩) とすると, 太郎の歩幅は $x+9$(cm/歩) と表せる. 廊下の長さを y cm とすると,

$$\begin{cases} (x+9) \times 51 + 31 = y, \\ x \times 58 + 42 = y \end{cases}$$

が成り立つ. この x と y の連立方程式を解けばよい. y を消去すると,

$$51(x+9) + 31 = 58x + 42$$

より,

$$51x + 490 = 58x + 42.$$

$$7x = 448.$$

$$x = 64.$$

これより, $y = 3754$ とわかる.
ゆえに, 廊下の長さは 3754 cm , すなわち, 37.54 m である.　　　…(答)

3.5　平均算

類題 1　これまでのテストの回数を x とする. これまで x 回の平均点が 79 であることから, x 回のテストの合計点は $79x$ と表せる. 今回のテストを含めた $(x+1)$ 回の平均点が 80 点であることから,

$$\frac{79x + 94}{x+1} = 80.$$

両辺に $(x+1)$ をかけて分母を払うと,

$$79x + 94 = 80(x+1).$$

$$79x + 94 = 80x + 80.$$

$$x = 14.$$

したがって, テストは全部で $x+1 = 14+1 = 15$ 回受けたことになる.　　　　　…(答)

類題 2　　1 回目から 8 回目までの平均点を x 点とすると, 1 回目から 8 回目までの合計点は $8x$ 点と表せる.

すると, 10 回の平均点は

$$\frac{8x + 72 + 65}{10}$$

と表せ, これが x より 0.5 小さな値であることから,

$$\frac{8x + 72 + 65}{10} = x - 0.5$$

という x に関する方程式が立式できる. あとはこれを解けばよい.

両辺に 10 をかけて,

$$8x + 137 = 10x - 5.$$

$$2x = 142.$$

$$x = 71.$$

したがって, 10 回全部の平均点は $x - 0.5 = 71 - 0.5 = 70.5$ 点である.　　　　　…(答)

3.6　仕事算

類題 1　　1 日に 1 人がする仕事量を w とおく. 全体の仕事量は

$$(w \times 6) \times 30 = 180w$$

と表せる. はじめの 14 日間は 6 人で, そのあとの x 日は 8 人で仕事をして完成したとすると,

$$6w \times 14 + 8w \times x = 180w.$$

両辺を w で割って,

$$6 \times 14 + 8x = 180.$$

これより,

$$8x = 96.$$

$$x = 12.$$

よって，全部で $14+12=26$ 日で完了することになるから，予定より $30-26=4$ 日早く終わることになる．　　　　　　　　　　　　　　　　　　　　　　　…(答)

類題2　大人 1 人が 1 日にする仕事量を x，子ども 1 人が 1 日にする仕事量を y とおく．そして，全体の仕事量を W とする．条件から，

$$\begin{cases} W = (x+y) \times 24, \\ W = (2x+3y) \times 10 \end{cases}$$

が成り立つ．これより，W を消去すると，

$$24(x+y) = 10(2x+3y).$$
$$12(x+y) = 5(2x+3y).$$
$$12x+12y = 10x+15y.$$
$$2x = 3y.$$
$$x = \frac{3}{2}y.$$

これは，大人 1 人の仕事量が子ども 1 人の仕事量の 1.5 倍であることを表している．
$x = \frac{3}{2}y$ から，

$$W = 24x+24y = 24 \cdot \frac{3}{2}y + 24y = 60y$$

と表せる．

(1) この仕事を大人 2 人と子ども 2 人ですると a 日かかるとすると，

$$W = (2x+2y) \times a$$

が成り立つことになり，$W=60y$，$2x=3y$ より，

$$60y = (3y+2y)a.$$
$$60y = 5y \cdot a.$$
$$a = 12.$$

ゆえに，この仕事を大人 2 人と子ども 2 人ですると 12 日かかる．　　　← (1) の答
(**注意**)　これが 24 日の半分であることは容易に納得できるであろう．

(2) この仕事を子ども 2 人ですると b 日かかるとする．

$$W = 2y \cdot b$$

であり，$W=60y$ より，

$$60y = 2y \cdot b.$$
$$b = 30.$$

ゆえに，この仕事を子ども 2 人ですると 30 日かかる．　　　　　　　← (2) の答

3.7　ニュートン算

類題 1　　1 頭の山羊が 1 日に食べる草の量を x，1 日に生えてくる草の量を y，もともとある草の量を z とすると，

$$\begin{cases} 13x \times 4 = z + 4y, & \cdots ① \\ 10x \times 6 = z + 6y & \cdots ② \end{cases}$$

が成り立つ．② − ① により，

$$8x = 2y.$$

$$y = 4x.$$

これを①(あるいは②)に代入すると，

$$z = 36x$$

が得られる．

6 頭の山羊を放すとき t 日で食べ終わるとすると，

$$6x \times t = z + ty$$

が成り立つことになる．$y = 4x$，$z = 36x$ であるので，これらを代入して，

$$6x \times t = 36x + t \cdot 4x.$$

両辺を x で割って，

$$6t = 36 + 4t.$$

$$2t = 36.$$

$$t = 18.$$

したがって，6 頭の山羊を放すと 18 日で食べ終わる．　　　　　　　　　　…(答)

類題 2　　はじめに池にあった水の量を $W\ \mathrm{cm}^3$ とし，ポンプ 1 台が 1 分あたりに汲み出す水の量を $x\ \mathrm{cm}^3$ とする．

条件により，

$$\begin{cases} 3x \times 90 = W + 8 \times 90, & \cdots ① \\ 5x \times 50 = W + 8 \times 50 & \cdots ② \end{cases}$$

が成り立つ．① − ② により，W を消去すると，

$$20x = 320.$$

$$x = 16.$$

したがって，①(あるいは②)から，

$$W = 3600$$

とわかる．つまり，この池にはじめにあった水の量は $3600\,\mathrm{cm}^3$ である．　　　　　　$\longleftarrow$ (1) の答

　13 台のポンプで池を空にするのに t 分かかるとすると，

$$13x \cdot t = W + 8t$$

が成り立つ．$x = 16$，$W = 3600$ を代入して，

$$13 \times 16 \cdot t = 3600 + 8t.$$

$$200t = 3600.$$

$$t = 18.$$

　よって，13 台のポンプで池を空にするのに 18 分かかる．　　　　　　$\longleftarrow$ (2) の答

　k 台のポンプによって 30 分で池が空になったとすると，

$$k \cdot x \cdot 30 = W + 8 \cdot 30.$$

$x = 16$，$W = 3600$ を代入して，

$$16 \cdot 30 \cdot k = 3600 + 240.$$

$$480k = 3840.$$

$$k = 8.$$

　これより，30 分で池を空にするのに 8 台のポンプを使ったことがわかる．　　　　　　$\longleftarrow$ (3) の答

類題 3 　水槽の容積を W リットルとする．また，水が 1 分あたり x リットル漏れるとする．
　条件から，

$$\begin{cases} W = (2 \times 5 + x) \cdot 50, & \cdots① \\ W = (2 \times 8 + x) \cdot 35 & \cdots② \end{cases}$$

が成り立つ．①，②から W を消去すると，

$$50(x + 10) = 35(x + 16).$$

$$10(x + 10) = 7(x + 16).$$

$$10x + 100 = 7x + 112.$$

$$3x = 12.$$

$$x = 4.$$

これより，① (あるいは②) から，

$$W = 700$$

わかる．したがって，水槽の容積は 700 リットルである．　　　　　　$\longleftarrow$ (1) の答

満杯の状態から管を使わずに漏れるままにしておくと，水は

$$\frac{W}{x} = \frac{700}{4} = 175 \qquad \longleftarrow (2) \text{ の答}$$

分でなくなる．

類題4　既にできている行列の人数を W 人とする．また，1 分あたり新たに行列に x 人が加わってくるとし，発券機 1 台が 1 分で処理する人数を y 人とする．条件から，

$$\begin{cases} 5y \times 20 = W + 20x, & \cdots① \\ 6y \times 15 = W + 15x, & \cdots② \\ 7y \times 10 = (W - 50) + 10x & \cdots③ \end{cases}$$

が成り立つ．この x, y, W についての連立方程式を解こう．①－② により，

$$10y = 5x.$$

これより，

$$x = 2y \qquad \cdots④$$

であることがわかる．また，②－③ により，

$$20y = 5x + 50.$$

これより，

$$4y = x + 10 \qquad \cdots⑤$$

であることもわかる．④，⑤ から，

$$4y = 2y + 10.$$
$$2y = 10.$$
$$y = 5.$$

これより，$x = 10$ とわかり，さらに，

$$W = 100y - 20x = 300$$

とわかる．したがって，開門のときに並んでいた人は 300 人である． $\longleftarrow (1)$ の答

また，開門と同時に発券機を 10 台使い，t 分で行列がなくなったとすると，

$$10 \cdot y \times t = W + x \cdot t.$$

$y = 5$, $W = 300$, $x = 10$ を代入して，

$$50t = 300 + 10t.$$
$$40t = 300.$$
$$t = \frac{15}{2}.$$

よって，開門と同時に発券機を 10 台使うと 7.5 分で行列がなくなる． $\longleftarrow (2)$ の答

3.8　旅人算

類題 1 　グラウンド 1 周の長さを L とし，A，B，C の分速をそれぞれ a，b，c とする．

4 分間で B は A より 1 周分多く走っていることから，

$$4b = 4a + L$$

つまり

$$b = a + \frac{L}{4} \qquad \cdots ①$$

が成り立つ．また，3 分間で C は A より 1 周分多く走っていることから，

$$3c = 3a + L$$

つまり

$$c = a + \frac{L}{3} \qquad \cdots ②$$

が成り立つ．

さて，t 分間で C は B より 1 周分多く走ることになるとすると，

$$tc = tb + L$$

が成り立つ．これより，

$$t(c - b) = L \qquad \cdots ③$$

である．ここで，② － ① により，

$$c - b = \left(a + \frac{L}{3} \right) - \left(a + \frac{L}{4} \right)$$

つまり

$$c - b = \frac{L}{12}$$

であることがわかるので，これを③に代入して，

$$t \cdot \frac{L}{12} = L.$$

よって，

$$t = 12.$$

つまり，B は C に 12 分ごとに追いこされる． 　　　　　　　　　　　 $\cdots$(答)

類題 2 　X 町と Y 町の間の距離を L m とする．また，3 人が出発してから A さんと C さんが出会うまでに t 分かかったとしよう．すると，t 分での A さんと C さんの進んだ距離の合計が L であることから，

$$150t + 120t = L$$

つまり

$$270t = L \qquad \cdots ①$$

が成り立つ．また，出発してから $(t+8)$ 分での B さんと C さんの進んだ距離の合計が L であることから，

$$105(t+8) + 120(t+8) = L$$

つまり

$$225t + 225 \times 8 = L \qquad \cdots ②$$

が成り立つ．①，②から L を消去して，

$$270t = 225t + 225 \times 8.$$

$$45t = 225 \times 8.$$

$$t = 40.$$

これを①（あるいは②に代入して），

$$L = 10800.$$

　よって，X 町と Y 町の間の距離は 10.8 km である． $\cdots$ （答）

3.9　流水算

類題 1　はじめの川の流れの速さを t (km/時) とし，AB 間の距離を L (km) とする．
　「A から AB 間の距離の 3 分の 2 の区間は予定通り 20 分で上がる」ことから，

$$(14-t) \times \frac{1}{3} = \frac{2}{3}L \qquad \cdots ①$$

が成り立つ．また，A から B への予定でかかる時間は $\dfrac{L}{14-t}$ 時間であるのに対し，実際にかかった時間は $\dfrac{1}{3} + \dfrac{\frac{1}{3}L}{14-2t}$ 時間であることから，

$$\frac{1}{3} + \frac{\frac{1}{3}L}{14-2t} = 2 \cdot \frac{L}{14-t} \qquad \cdots ②$$

が成り立つ．t と L についての連立方程式①かつ②を解けばよい．

　①より，

$$14 - t = 2L. \qquad \cdots ①'$$

　これを②に代入して，

$$\frac{1}{3} + \frac{\frac{1}{3}L}{14-2t} = 1$$

より，

$$\frac{\frac{1}{3}L}{14-2t} = \frac{2}{3}.$$

$$\frac{1}{3}L \times 3 = 2(14-2t).$$

$$L = 28 - 4t.$$

これを ①′ に代入して，

$$14 - t = 2(28 - 4t).$$

$$14 - t = 56 - 8t.$$

$$7t = 42.$$

$$t = 6.$$

これより，$L = 4$.

　したがって，はじめの川の流れの速さは $6\,(\mathrm{km/時})$ であり，A 地点と B 地点の間の距離は $4\,(\mathrm{km})$ である． $\cdots$ (答)

[類題2]　川の流れの速さを $t\,(\mathrm{km/時})$ とし，AB 間の距離を $L\,(\mathrm{km})$ とする．A から B に下るのに 6 時間かかることから，

$$(15+t) \times 6 = L \qquad\qquad \cdots ①$$

が成り立つ．また，上りでは，船の静水での速さが $15 \times \dfrac{2}{3} = 10\,(\mathrm{km/時})$ となり 14 時間かかることから，

$$(10-t) \times 14 = L \qquad\qquad \cdots ②$$

が成り立つ．①，②から，L を消去して，

$$6(15+t) = 14(10-t).$$

$$3(15+t) = 7(10-t).$$

$$45 + 3t = 70 - 7t.$$

$$10t = 25.$$

$$t = \frac{5}{2}\,(\mathrm{km/時}). \qquad\qquad \longleftarrow (1) \text{ の答}$$

　① (あるいは②) により，

$$L = 105\,(\mathrm{km}). \qquad\qquad \longleftarrow (2) \text{ の答}$$

3.10　割合・比の問題

類題1 　求めたい "ある分数" を $\dfrac{y}{x}$ とおく．分母に 1 を加えると値が $\dfrac{1}{3}$ と等しくなることから，

$$\frac{y}{x+1} = \frac{1}{3}$$

つまり

$$3y = x+1 \qquad\qquad \cdots ①$$

が成り立つ．また，分子に 1 を加えると値が $\dfrac{1}{2}$ と等しくなることから，

$$\frac{y+1}{x} = \frac{1}{2}$$

つまり

$$2(y+1) = x \qquad\qquad \cdots ②$$

が成り立つ．①，②から x を消去すると，

$$3y = 2(y+1)+1.$$
$$3y = 2y+2+1.$$
$$y = 3.$$

　① (あるいは②) により，

$$x = 8.$$

　したがって，求めたい "ある分数" は

$$\frac{3}{8} \qquad\qquad \cdots (答)$$

である．

　(参考)　検証してみよう．$\dfrac{3}{8}$ の分母に 1 を加えると，$\dfrac{3}{8+1} = \dfrac{3}{9} = \dfrac{1}{3}$，分子に 1 を加えると，$\dfrac{3+1}{8} = \dfrac{4}{8} = \dfrac{1}{2}$ となり，確かに問題の条件を満たしている．

類題2 　最初に A，B，C が持っていた玉の個数をそれぞれ a，b，c とする．
　3 回の 譲 渡による 3 人の持っている玉の個数の変遷を表にすると次のようになる．

	A	B	C
最初	a	b	c
1 回後	$\dfrac{2}{3}a$	$b+\dfrac{a}{3}$	c
2 回後	$\dfrac{2}{3}a$	$\left(b+\dfrac{a}{3}\right)\cdot\dfrac{3}{4}$	$c+\left(b+\dfrac{a}{3}\right)\cdot\dfrac{1}{4}$
3 回後	$\dfrac{2}{3}a+\left\{c+\left(b+\dfrac{a}{3}\right)\cdot\dfrac{1}{4}\right\}\cdot\dfrac{1}{5}$	$\left(b+\dfrac{a}{3}\right)\cdot\dfrac{3}{4}$	$\left\{c+\left(b+\dfrac{a}{3}\right)\cdot\dfrac{1}{4}\right\}\cdot\dfrac{4}{5}$

$a+b+c=72$ であり，

$$\frac{2}{3}a+\left\{c+\left(b+\frac{a}{3}\right)\cdot\frac{1}{4}\right\}\cdot\frac{1}{5}=\left(b+\frac{a}{3}\right)\cdot\frac{3}{4}=\left\{c+\left(b+\frac{a}{3}\right)\cdot\frac{1}{4}\right\}\cdot\frac{4}{5} \qquad \cdots(*)$$

であることから，a，b，c を求めよう．

72 個の玉を 3 人でやりとりするだけなのでいつでも 3 人の持っている玉の個数の合計は 72 であることに注意すると，$(*)$ の値はすべて $\frac{72}{3}=24$ で等しいことがわかる (このことは式で導くこともできるが，意味を考えた方が容易に得られる)．

そこで，

$$\begin{cases} \dfrac{2}{3}a+\left\{c+\left(b+\dfrac{a}{3}\right)\cdot\dfrac{1}{4}\right\}\cdot\dfrac{1}{5}=24, & \cdots① \\[3mm] \left(b+\dfrac{a}{3}\right)\cdot\dfrac{3}{4}=24, & \cdots② \\[3mm] \left\{c+\left(b+\dfrac{a}{3}\right)\cdot\dfrac{1}{4}\right\}\cdot\dfrac{4}{5}=24 & \cdots③ \end{cases}$$

を解こう．まず，②から，

$$b+\frac{a}{3}=32 \qquad \cdots④$$

であることがわかる．これを①，③に代入すると，

$$\frac{2}{3}a+(c+8)\cdot\frac{1}{5}=24 \qquad \cdots①'$$

および

$$(c+8)\cdot\frac{4}{5}=24 \qquad \cdots③'$$

が得られる．したがって，まず③′から，$c=22$ とわかる．これを①′ に代入して，

$$\frac{2}{3}a+\frac{30}{5}=24$$

より，

$$a=27$$

とわかる．さらにこれを④に代入して，

$$b=23$$

とわかる．したがって，最初に A さんは 27 個，B さんは 23 個，C さんは 22 個持っていた．

$$\cdots(答)$$

◆著者プロフィール◆

吉田 大悟（よしだ だいご）

京都大学理学部数学科卒業。京都大学大学院理学研究科修士課程修了。河合塾数学科講師、駿台予備学校数学科講師、龍谷大学講師、兵庫県立大学講師。 鶴林寺真光院副住職。"覚えていないと解けない"ということがなるべくないような数学を目指し、楽しく数学を学んでもらえるような指導を心がけて学生時代より大手予備校で教鞭をとっている。また、東進の共通テスト模試や河合塾のテキスト、模試の作成も行っている。著書に『実戦演習問題集 理系数学』(METIS BOOK)、『実戦演習問題集 文理共通数学』(METIS BOOK)、共著に『START DASH!! 数学6 複素数平面と2次曲線』(河合出版)、編集協力に『共通テスト新課程攻略問題集 数学』(教学社)がある。

代数でサクッと解く！ 中学受験算数

2024 年 5 月 5 日　　初版第 1 刷発行

著者　吉田　大悟
編集人　清水智則　発行所　エール出版社
〒 101-0052　東京都千代田区神田小川町 2-12　信愛ビル 4 F
電話　03(3291)0306　　FAX　03(3291)0310
メール　edit@yell-books.com

＊乱丁・落丁本はおとりかえします。

＊定価はカバーに表示してあります。

ISBN978-4-7539-3564-2